AF453027

HISTOIRE

D'UN GRAIN DE BLÉ

PAR

ROBERT-DUTERTRE

***

LAVAL

IMPRIMERIE CAMILLE BONNIEUX

RUE RENAISE, 46

1875

A MON COUSIN & AMI

C. LE MARCHANT

Président de la Société d'Agriculture de Mayenne.

———

PRIX : 2 FR. 25 FRANCO

CHEZ L'AUTEUR, A ERNÉE

(MAYENNE).

ERRATA

—

Page 1, ligne 9, au lieu de : *aux principes qui les constituent*, lisez : *qui la constituent*.

Page 14, ligne 18, au lieu de : *entre les pays nommés ci-dessus*, lisez ; *outre les pays nommés ci-dessus*.

Page 26, ligne 2, au lieu de : *rendement plus considérable*, lisez : *rendement le plus considérable*.

Page 83, ligne 12, au lieu de : *l'utricule pollénique*, lisez : *l'utricule pollinique*.

Page 98, ligne 2, au lieu de : *prenons par exemple*, lisez : *prenons pour exemple*.

Page 108, ligne 13, au lieu de : *ses poésies simples*, lisez : *ces poésies simples*.

Page 110, ligne 23, au lieu de : *butaillés*, lisez : *bataillés*.

HISTOIRE

D'UN

GRAIN DE BLÉ

BIBLIOTHÈQUE INSTRUCTIVE

HISTOIRE
D'UN GRAIN DE BLÉ

PAR

ROBERT-DUTERTRE

LAVAL

IMPRIMERIE CAMILLE BONNIEUX
RUE RENAISE, 46

1875

AVANT-PROPOS

On tente par tous les moyens imaginables de
créer en France une pépinière de bons cultivateurs, non-seulement laborieux, ce qui est certainement une grande qualité, mais encore
éclairés, ce qui est surtout la première condition
de tout progrès agricole.

Mais, de même que pour une foule d'autres
professions, il faut en agriculture initier de bonne
heure les enfants aux principes qui les constituent ; car il importe plus de commencer par
meubler leur cerveau des connaissances indispensables à la compréhension de la physiologie

des plantes et à l'étude des phénomènes physiques et chimiques que certains agents déterminent dans le sol, que de leur apprendre tout
d'abord à manier l'outil professionnel. C'est que,
en effet, le cerveau étant le régulateur de la main,
le maître de l'action, il doit savoir commander
avec discernement à l'organe qui le sert et qui le
servira d'autant mieux que la science raisonnée
sera substituée à la routine traditionnelle.

Distinguons tout d'abord l'agriculture de l'a-
gronomie.

L'agriculture est *l'art* de faire produire au sol
les céréales et les plantes servant à la nourriture
de l'homme et à celle des animaux.

L'agronomie est la *science* théorique qui rend
compte des principes et des phénomènes agricoles. On peut être un excellent agronome sans
être agriculteur exploitant, mais, pour être un
bon agriculteur, il faudrait être quelque peu
agronome.

Les physiciens, les chimistes, sans être indus-
triels eux-mêmes, sont les principaux auteurs du
progrès des industries.

De même aussi les naturalistes, sans être agri-
culteurs, sont cependant les meilleurs guides pour
ceux-ci, à raison même de leurs connaissances

en physiologie végétale, en physique, èn chimie, en zoologie, etc....

Ils leur expliquent *naturellement* les secrets de la nature et chassent de leur esprit les superstitions, filles de l'ignorance.

Bien évidemment à l'origine des Sociétés, l'agriculture était plutôt empirique que scientifique. Mais peu à peu la théorie a découvert les lois agronomiques et a constitué la science agricole proprement dite.

Les Egyptiens cultivaient d'une façon productive la vallée du Nil.

Les Grecs tirèrent profit des notions que leur transmirent les Egyptiens. Et déjà, près de 900 ans avant Jésus-Christ, Hésiode composait son poëme, *les Travaux et les Jours*, œuvre remarquable.·

Les Romains s'adonnèrent aussi avec succès à l'agriculture, et plusieurs de leurs meilleurs écrivains : Caton l'Ancien, Varron, Virgile. Columelle ont fait des traités sur cette matière.

On a fait avec un talent admirable l'*Histoire d'une bouchée de pain*. On l'a prise comme texte de vulgarisation des phénomènes de la vie, des mystères de l'organisme humain et de son développement par l'action virtuelle des assimilations.

Nous allons essayer à notre tour de faire la monographie d'un grain de blé et d'inculquer dans les jeunes intelligences les principes et les notions de méthodes pratiques qui ont pour but le *maximum* de production et qui, à ce titre, intéressent à un si haut degré l'avenir de la France, et surtout le bien-être de ces nombreuses populations qui souffrent le plus des mauvaises récoltes.

Que faut-il pour que tous les regards se tournent opiniâtrément vers ces horizons que l'on eût dédaignés peut-être, et pour que l'on attache le plus haut prix à l'enseignement des sciences agronomiques ? Il suffit, hélas ! d'une crise comme celle que nous venons de traverser, et qui marque d'autant plus douloureusement dans la vie des peuples, qu'elle est due, non à des causes atmosphériques, mais aux imprévoyances humaines et aux ravages barbares et insensés de la guerre.

HISTOIRE

D'UN GRAIN DE BLÉ

CHAPITRE Ier

PRÉPARATION DE LA TERRE

Si vous attendiez un grand seigneur, vous ne reculeriez certainement devant aucuns frais pour le bien recevoir, vous tiendriez à le loger convenablement, vous vous mettriez en quête de ses goûts, vous attachant à ne lui servir que ce qu'il aime, vous auriez soin d'éloigner de lui les importuns, vous lui feriez en un mot une vie aussi douce et aussi agréable que possible, sauf même à vous gêner un peu et à restreindre vos propres dépenses habituelles.

Eh bien ! il y a un être bien autrement important qu'un grand seigneur et qui mérite bien mieux tous vos soins. Cet être est tout petit cependant ; tout nu, tout pauvre lui-même ; mais si vous le soignez bien, comme il vous sera reconnaissant et comme il saura payer sa dette en vous ouvrant les voies de la richesse ! C'est le grain de blé. Et cependant à ce roi de qui peut dépendre tout votre avenir, il ne faut pas un palais, mais tout simplement une motte de terre.

Toutefois cette motte de terre doit être pourvue de tout ce qu'il faut à l'hôte qu'elle va recevoir et qui doit trouver en elle logement, nourriture et vêtement.

Le premier travail consistera à faire un bon labour suffisamment profond, en planches ou en billons, suivant que l'on donnera la préférence à l'un ou à l'autre mode de culture.

Quant à nous, nous préférons les planches aux billons, et cela pour plusieurs raisons dont nous parlerons dans un chapitre subséquent.

Nous avons parlé de la nourriture du grain de blé, voyons donc ce qui peut bien lui convenir.

S'il faut à l'homme des aliments qui contiennent des phosphates et de la gélatine pour constituer ses os, des fécules et des molécules pour former sa chair et son sang, il faut de même à la plante des éléments de nutrition similaires à ceux qui la composent.

Les végétaux en général, et les froments en particulier, ont besoin de trouver dans la couche de terre où ils doivent vivre : des carbonates, des phosphates, des silicates rendus solubles par la chaux, de l'alumine, de la magnésie, des azotates, des sels alcalins, soude et potasse, des oxides de fer et de manganèse, des débris organiques qui constituent l'*humus* et dégagent l'ammoniaque, afin de s'approprier, après les décompositions et les combinaisons chimiques qui ont lieu dans le sol, les substances qui leur sont nécessaires.

Le sol contient naturellement certains sels que la chaux a la propriété de dissoudre et de rendre assimilables à la plante. C'est là son principal rôle en agriculture ; elle remédie aussi à l'acidité de certains terrains. Son emploi est donc utile, l'abus seul est blâmable.

Il y a une importante observation à faire à cet égard. Supposez que toute la provision de soude, de potasse et des autres sels que votre terrain contenait naturellement a été épuisée par l'action de la chaux, en vous donnant, il est vrai, pendant tout ce temps-là de très belles récoltes, que vous restera-t-il ? un sol inerte, privé de ses éléments minéraux indispensables à la nutrition des plantes. Il faudra donc le reconstituer en lui rendant ce qui lui a été enlevé par cette succession de récoltes. Vous devrez le réconforter avec des sels alcalins, des phosphates, des azotates, des carbonates, les engrais organiques. Les fumiers ne suffiront plus seuls à assurer les récoltes. La couche arable que vous avez ainsi surmenée est effritée, et comme une esclave que vous auriez maltraitée, elle vous trahit.

Il y a un moyen cependant d'atténuer le

mal, c'est de fouiller le sol plus avant et de ramener à la surface une terre neuve. Il est évident que ceci ne devra se faire que graduellement, année par année, de façon à mêler peu à peu le dessous avec l'humus primitif. Voilà pourquoi tous les bons agronomes vous recommanderont toujours les labours profonds.

La grande loi agronomique, celle qui domine tout en agriculture, c'est la restitution au sol de tout ce qu'une récolte lui a enlevé.

Ceci nous amène à dire un mot de la façon dont on doit traiter les engrais.

La meilleure méthode c'est de les accumuler en tas, à couvert, si l'on peut, ou tout au moins dans un lieu frais et ombragé. On peut en doubler la masse en mettant entre deux couches de fumier sortant de l'étable des gazons, des détritus de toute nature ; le tout formera un compost excellent.

Un usage presque général dans certaines contrées, mais détestable, c'est de mélanger les fumiers avec la chaux, même avant qu'elle ait perdu toute sa causticité. Ce mélange ne devrait pas se faire avant la fin de septembre ou le commencement d'octobre, alors que les terreaux qui contiennent la chaux ont été deux ou trois fois recoupés, et que l'on est bien sûr que celle-ci a perdu toute action corrosive ; autrement les meilleurs principes du fumier sont brûlés et évaporés, et il ne reste plus guère qu'un terreau de chaux.

Nous n'oublions pas qu'à propos du grain de blé nous avons parlé de le loger, le nourrir et le vêtir. Nous venons de dire ce qu'il convient de faire pour remplir les deux premières conditions. La dernière a aussi son importance.

S'est-on demandé pourquoi il arrivait que la paille excoriait parfois la main ? cela n'étonnera plus, si l'on sait qu'elle contient du verre. Sa surface lisse et polie n'est pas autre chose qu'une couche de verre extrêmement ténue. C'est là ce qui lui donne sa rigidité, ce qui l'empêche de verser trop facilement. Ce vêtement de la paille, vitreux et transparent, c'est la chaux qui le lui donne, en décomposant les sels terreux et siliceux dont il provient.

CHAPITRE II

DIVERSES FAMILLES DE BLÉ

—

Le terrain est labouré et fumé ; il ne s'agit plus que de savoir quelle sorte de blé on va lui confier. A ce sujet, il n'y aura que l'embarras du choix, et c'est précisément parce qu'il peut y avoir embarras, qu'il est bon de parler des principales variétés de grain.

Le blé est originaire des plaines de l'Asie. Il nous fut sans doute apporté par les Celtes ou Gaulois qui sont nos aïeux, lors de la migration de cette fraction des peuples Aryas vers nos contrées.

2

Il se divise en genres, variétés et sous-variétés. Les uns sont particuliers aux pays du Midi, les autres aux zones tempérées du Nord. Cette classification sera bonne à retenir, si l'on veut ne pas s'exposer à de vaines tentatives d'acclimatation.

Le blé se divise en deux genres : les froments et les épeautres.

Les froments sont ceux dont les grains se détachent nus de l'épi par le battage. Ils se subdivisent en deux groupes ou sections : les grains tendres et les grains durs.

Les épeautres sont des blés dont le grain ne se sépare pas naturellement de la balle au battage.

La section des grains tendres comprend trois variétés : les *touselles*, les *seizettes*, et les *poulards*.

Touselles : Nous ne pouvons citer ici toutes les sous-variétés de touselles qui sont des froments sans barbillons ou à peu près. Contentons-nous de nommer ceux qui conviennent le mieux à nos contrées.

1° Froment d'hiver, commun, à grain

roux et long. Il en existe une espèce dite blé rouge d'Ecosse, qui a été longtemps très productive dans la contrées de l'Ouest ;

2° Froment blanc de Flandre, qui a pu donner naissance à celui de la Beauce, et qui est très productif dans les bonnes terres. Nous pouvons sans invraisemblance le supposer le générateur du blanc pur et du blanc doré, qui jouissent aujourd'hui et avec raison d'une grande réputation ;

3° Froment de Hongrie, se cultivant avec beaucoup de succès aux environs de Blois, et se caractérisant par un grain blanc, arrondi, très pesant ;

4° Froment de Saumur, d'un grand rendement dans les terres de l'Anjou ;

5° Froment bleu ou de l'île de Noé, très précoce et pouvant se semer soit à l'automne soit au printemps.

Nous ne parlerons ni de la touselle blanche de Provence ni de la *richelle* blanche de Naples, ni du blé d'Odessa, etc., parce que toutes ces variétés redoutent les grands froids.

Seizettes : Les variétés de cette espèce sont en général colorées, et craignent trop le froid pour convenir aux régions du nord de la France. Tels sont le froment barbu d'hiver et celui de printemps connu sous le nom de trémois (trois mois). le froment à chapeau, de Toscane, le froment hérisson. etc.

Poulards : Cette espèce à barbillons persistants ou caducs est peu estimée parce qu'elle donne trop de son et que sa farine n'est pas de très bonne qualité.

Dans cette classe. citons cependant le froment de miracle ou de Smyrne, lequel est productif dans les terrains riches, mais dont la farine est rude au toucher.

La section des grains durs comprend les *aubaines*. qui conviennent aux climats chauds: les blés de Pologne. qui ont des épis énormes et des grains très allongés, mais glacés. Tous ces froments sont riches en gluten et en amidon. mais ils conviennent peu à la panification, et sont surtout employés en vermicelles ou pâtes d'Italie.

Les *épeautres* ou blés dont le grain ne se sépare pas de la balle au simple battage se divisent en grand et petit épeautres blanc ou rouge. Les blancs sont plus estimés dans le commerce, parce qu'ils rendent moins de son, mais les rouges ont plus de corps.

Il y a aussi un grain dit *bigarré*, dont les meuniers font assez de cas.

Nous avons cru devoir entrer dans ces détails un peu longs pour un ouvrage élémentaire, afin d'indiquer aux cultivateurs combien la nature a mis à leur disposition de variétés de cette graminée qui est le soutien de la vie, et leur faire comprendre que, le choix ne manquant pas, ils ont tort de s'attacher à une espèce qui ne leur réussit plus.

N'est-ce pas ici le moment de parler d'un travail commencé par M. Humbold et continué par d'autres savants, ayant pour objet de diviser le globe en zones isothermes, isothères et isochimènes ? Ces trois mots, dérivés du grec, veulent dire : égale température, égal été, égal hiver.

On dit que deux pays sont isothermes, lorsqu'ils ont la même température moyenne.

Les lignes isothermes ne correspondent pas exactement aux parallèles du globe terrestre. Outre les causes générales, il y a encore ce fait, depuis longtemps constaté, c'est que les mers ont pour effet de diminuer dans leur voisinage la chaleur estivale et le froid hibernal.

Les pays isothermes de la France et de la Belgique sont la partie méridionale de l'Angleterre, la Bavière, la Saisse, l'Autriche, la Hongrie, la Turquie, la mer Noire, le mont Caucase et environ la moitié de la mer Caspienne, du côté du septentrion.

Les lignes isochimènes sont un peu différentes de celles isothermes, et comprennent, entre les pays nommés ci-dessus, l'Angleterre tout entière, les Pays-Bas et le Hanovre et la moitié méridionale de la mer Caspienne, jusqu'à la Perse. Toutes ces contrées ont donc à peu près les mêmes hivers que la France et la Belgique.

La ligne isothère de la France, c'est-à-dire celle qui marque les étés à peu près semblables, passe par l'Allemagne centrale, la Pologne, la Volhynie, l'Ukraine et tout le midi de la Russie jusqu'à l'extrémité nord de la mer Caspienne. Vous voyez que cette ligne monte beaucoup plus au nord que les lignes isothères et isochimènes.

En examinant les trois genres de ligne dont nous venons de parler et leur tracé sur le globe, on s'aperçoit que ce ne sont pas les pôles qui sont les points les plus froids de la terre. Ainsi les hivers des pays situés au nord de la mer Caspienne sont semblables à ceux de la Suède, de la Norwège et des côtés de la Laponie, et cependant les premiers sont situés sous le 45e degré de latitude et les autres vers le 60e et le 70e degré : on conclut de ceci qu'au pôle Nord le froid ne doit pas être de plus de 8 degrés au-dessous de zéro, ce qui fait supposer qu'il y existe une mer libre de glaces.

La conclusion que nous voulons tirer de cette étude des lignes isothermes, isothères et isochimènes, c'est qu'elles nous serviront d'indices précieux pour l'agriculture pratique.

Ainsi les céréales de printemps des pays situés sous la ligne isothère dont nous avons donné le tracé, peuvent s'arranger du climat de la France et réciproquement.

De même, en ce qui concerne les céréales d'hiver, il ne faudra pas, dans le choix des semences similaires, dépasser la ligne isochimène ou hibernale. C'est vous dire que les grains d'Espagne, d'Italie, de la Grèce, de l'Asie Mineure et de la Perse ne conviennent point à notre climat, à cause des hivers rigoureux. Il faudra choisir seulement dans les provenances comprises entre les deux lignes isochimènes que nous avons déterminées plus haut.

Ainsi donc, au point vue de l'agriculture et en ce qui concerne la sélection des semences de graminées, la connaissance des lignes isothères et isochimènes a une grande importance. D'après cette donnée, il était facile de prévoir ce que deviendrait chez nous le grain de la momie d'Egypte.

CHAPITRE III

ENSEMENCEMENT

—

Nous nous proposons de suivre le grain de blé dans ses diverses phases et métamorphoses jusqu'au dernier jour de son existence. On comprendra que ce que nous dirons pour un grain s'appliquera de la même façon à dix, quinze ou vingt hectolitres enfouis dans la terre.

Nous voici en présence d'un grain de blé que nous supposons bien choisi, c'est-à-dire bien mûr, bien nourri et exempt de maladie, du moins apparente, car nous verrons qu'il peut y en avoir d'invisible à l'œil.

Ce grain devra être de l'espèce qui convient le mieux au climat du lieu que l'on habite ; car, de même que pour toutes les autres productions. les grains des tropiques s'arrangeront mal des régions du Nord.

De plus, suivant que le sol est riche ou pauvre. humide ou sec. bien orienté au midi ou exposé aux vents du nord. on aura dû chercher la variété la mieux appropriée à ces conditions géologiques et climatériques. Ceci fait, nous demanderons si l'on va, sans aucune préparation préalable et même sans trop regarder le temps. confier à la terre ce grain qui est l'espoir de la future récolte et dont le bien-être dépend.

Ceux qui agissent ainsi peuvent être accusés très justement d'imprévoyance et d'incurie. En effet. ce beau grain brillant. blanc. rouge ou doré peut cacher aux yeux, ne fût-ce que dans sa rainure interne, un germe de mort. De plus. ce germe se développera ou s'atrophiera, suivant que l'on aura semé par un temps sec ou humide.

Mais, nous dit-on. connaît-on bien ces

germes pernicieux dont vous parlez, et d'ailleurs y a-t-il un moyen pour en empêcher le développement dans la graminée qui va subir les lois de la végétation ? Nous répondrons affirmativement à la double interrogation. Nous allons même dire le nom du champignon dont la seminule invisible est attachée sur un point quelconque du grain de blé. Ce champignon est de la famille des urédinées (*uredo caries*) et la maladie qu'il engendre est la carie, ce que dans certains pays on nomme *fouëdre*. Cette sporule, ce germe pestilentiel, qui produira dans l'épi une poussière noire et nauséabonde, se développera en même temps que l'embryon du grain de blé, se glissera en parasite dans la paille, et pervertira les sucs nourriciers puisés dans le sol.

Ne reconnait-on pas qu'un homme qui nous parait bien portant peut cependant cacher en lui le germe d'une maladie mortelle, ce qu'on appelle un vice du sang ? De même cette plante qui végète et qui parait saine, recèle intérieurement, par la présence de ce parasite, un vice de la sève.

Le moyen de remédier à ce mal, de tuer cette sporule ou germe de carie est simple, et tout le monde le connaît : c'est le chaulage ou le vitriolage.

On a employé pour cette opération le sulfate de soude dissous dans de l'eau et additionné d'une quantité de chaux en poudre répandue sur le grain et mélangée avec lui. Aujourd'hui on se sert généralement du sulfate de cuivre, sans mélange de chaux. Cette substance corrosive suffit à elle seule, pour décomposer le germe de la carie, sans cependant altérer celui du grain.

L'ensemencement se fait ou à la volée, c'est-à-dire d'une façon irrégulière et confuse, ou avec le semoir, le seul mode vraiment avantageux et rationnel.

Avec un bon semoir il y a :

1° *Economie de semences*. Soit que vous fassiez vos rayons à des distances de 20 ou de 30 centimètres, soit que vous semiez en lignes continues ou par groupes, il est certain que vous mettrez trois fois moins de semence que par la méthode ordinaire qu'on appelle à la volée. Vos grains ou graines tous enfouis dans une terre bien ameublie, se trouvent placés dans le milieu le plus favorable et dans les meilleures conditions pour germer et pour végéter.

Toutefois, en suivant ce mode d'ensemencement, chacun doit être averti qu'il contracte par cela même deux obligations essentielles : 1° *Sarclages* soigneusement faits. sous peine de voir les plantes parasites envahir les emblaves, les entre-lignes offrant tout naturellement à ces mauvaises herbes une place au soleil. Avec la houe à cheval ou même la bêche à main. ce travail n'est ni long ni coûteux, mais fût-il dispendieux qu'il faudrait le faire encore, tant est grand l'avantage d'avoir un sol bien nettoyé. 2° *Hersage énergique* au printemps pour favoriser le tallage, c'est-à-dire le développement des tiges latérales qui s'ajoutent aux tiges mères. On sait que pour donner naissance à ces racines coronales il faut que le plant ou tige soit convenablement espacé et suffisamment recouvert de terre ameublie. Ceci est élémentaire. C'est donc une pratique insignifiante que de promener doucement, comme le font certains cultivateurs, une légère herse d'épines, laquelle ne réussit même pas toujours à rompre la croûte du sol lorsqu'elle est un peu dure. C'est avec une herse de fer que doit se faire cette opération, et on ne doit pas s'émouvoir le moins du monde de voir quelques racines arrachées. Le tallage les rendra au centuple. Sans hersage, peu ou point de tallage ; sans tallage, point de beaux épis. N'avez-vous pas souvent remarqué avec surprise que tel champ dont vous aviez admiré au printemps la végétation touffue et luxuriante ne portait au moment de la récolte que des épis chétifs et courts ? Quelle en est la cause ? C'est le plus souvent une surabondance de semence, et conséquemment un défaut de tallage. Ne serait-ce pas là aussi une des causes de la dégénérescence des grains ?

Ce qui sera longtemps un obstacle à l'emploi des semoirs, c'est qu'on aime généralement à semer très épais. Plus le terrain est pauvre, et plus on ouvre la main ; on le charge d'autant plus de germes à nourrir qu'il parait disposé à en nourrir moins. L'inverse semblerait cependant plus judicieux. Voici en effet ce qui se passe : les racines de tous ces plants trop peu espacés, en se développant latéralement arrivent bientôt à se toucher. Les spongioles, ces suçoirs avec lesquels les tiges absorbent les sucs de la terre, étant en trop grand nombre sur un même point, cherchent en vain un *humus* qui leur manque. Toutes ces racines s'affament les unes par les autres. Beaucoup de tiges périssent ; le reste en souffre toujours, et cela doit être. On attable cent convives là où il y a à peine de quoi manger pour dix. Aussi qu'arrive-t-il ? c'est qu'il y a famine ; les plus faibles meurent et les autres restent languissants.

Nous ne saurions trop insister sur la bonne distribution de la semence. Nous nous adressons ici aux cultivateurs et nous disons : « Si vous n'aviez qu'une surface « d'un mètre carré à ensemencer au lieu de

« 4 ou 5 hectares, ce qui est quelque chose
« comme quarante à cinquante mille mètres
« carrés, vous vous donneriez certainement
« bien la peine de piquer votre grain com-
« me des pois. En l'espaçant en tous sens
« à 20 centimètres par groupes de 4 grains
« ou un à un le long d'un rayon, à la dis-
« tance de 5 centimètres, vous ne mettriez
« que cent grains seulement sur cette sur-
« face d'un mètre carré au lieu de cinq à
« six cents comme vous le faites à la volée.
« De cette façon le tallage foisonnerait et le
« rendement serait supérieur. Mais comme
« vous ne pouvez faire cette besogne à la
« main, le semoir le fera pour vous et
« mieux que vous. »

2° *Uniformité de profondeur dans l'enfouissement des semences :* Lorsque vous
enterrez votre grain à la charrue, soit que
vous le fassiez ensuite bécher ou herser, il
arrivera toujours ceci : c'est que vous aurez
toutes les profondeurs d'enfouissement depuis zéro jusqu'à douze et quinze centimètres : nous disons depuis zéro, parce que en

effet il y en a qui reste à nu sur le sol. Mais. qu'importe. dira-t-on. puisque tout lève également bien ? Nous accordons que l'inégalité de profondeur soit sans importance quant aux phénomènes originels de germination et de végétation ; la plumule montera toujours à l'air. et la radicule plongera dans la couche arable. C'est vrai, tout se passera comme à l'ordinaire suivant les lois de la physique végétale. Mais pensez-vous que toutes les phases subséquentes de la végétation s'accompliront dans les mêmes conditions et avec les mêmes chances favorables ? Ainsi. croyez-vous que l'action du calorique et de la lumière, de la pluie et du beau temps, de la sécheresse et de l'humidité se fera sentir d'une manière identique sur toutes ces tiges dont les racines sont. les unes à la surface et les autres à des profondeurs diverses ? Evidemment non. Eh bien ! nous ferons ici une observation importante, observation que nous plaçons sous l'autorité de feu M. Bodin. le savant directeur de l'Ecole d'agriculture de Rennes : il résulte de nombreuses expériences faites par lui, que le rendement plus considérable est en faveur de l'enfouissement à sept centimètres. A quatre centimètres, le rendement est bien inférieur, et à onze il est encore de beaucoup moindre. La déduction logique de ce qui précède, c'est qu'il existe réellement une profondeur d'enfouissement qu'il faut savoir trouver pour arriver au maximum de production. Ce sera à chaque expérimentateur, propriétaire ou fermier, à chercher la mesure vraie, variable sans doute suivant les terrains, mais qui n'en existe pas moins pour chaque sol. Le rendement, après divers essais comparés, sera le *criterium* qui servira à déterminer la mesure cherchée.

3° *Économie de bras et de temps :* Le terrain étant préparé à l'avance et dès le mois de septembre, si l'on veut, on comprend qu'un jour ou deux de beau temps suffiront pour semer. Il faut un homme pour diriger le cheval et un autre pour tenir les mancherons de l'appareil ; voilà tout.

On peut semer plus de trois hectares par jour ; il n'y a plus dès lors à s'inquiéter du mauvais temps qui règne habituellement à l'époque des semailles d'automne. On trouvera bien un jour ou deux de convenables, et on fera bien de les attendre, car le beau temps a plus d'importance qu'on ne le pense généralement pour faire ce travail.

L'usage du semoir, qui ne peut bien fonctionner que sur des surfaces planes, amènera forcément et logiquement le système de la culture en planches.

Nous croyons devoir répéter ici ce que nous avons déjà écrit dans notre brochure des *Principes généraux d'Agriculture*.

Les terres ont-elles besoin d'être périodiquement remuées, tournées. bouleversées, mélangées de manière à ce que chaque molécule se sature en quelque sorte de l'*humus* qu'elles contiennent ?

La pratique se charge de répondre à cette question.

S'il est vrai que dans certaines contrées les labours faits trop longtemps avant les semailles, présentent des résultats nuisibles, et que l'on soit tout surpris de ne voir lever que la moitié ou le quart de la semence : s'il est vrai, par exemple, que les cultivateurs du littoral de la Manche aient remarqué que dans leurs terrains l'ensemencement devait suivre presque immédiatement le dernier labour, il faut bien reconnaitre que les éléments qui composent la couche arable, n'offrent pas, dans leurs combinaisons géologiques naturelles ou modifiées par les amendements, une homogénéité permanente, une affinité de molécule à molécule , telles qu'une désagrégation ultérieure ne puisse se produire. Au contraire, chaque élément constitutif du sol tend à se séparer, à s'isoler, à reprendre en quelque sorte son état normal, son gisement supérieur ou inférieur. On dirait que la nature tient à rétablir l'arrangement défait par la main de l'homme. Le mélange artificiel opéré par les labours se détruit à la longue, et il se fait un travail de décomposition analogue à celui qu'on remarque

dans certains liquides. Sans doute, cette
désorganisation moléculaire, ce retour à
l'ordre primitif ne se manifeste pas au même
degré et dans le même laps de temps dans
tous les terrains. Ainsi les terres fortes re-
tiendront en suspens l'*humus* et les autres
substances fécondantes plus longtemps que
les terres légères et poreuses. Mais le travail latent de désorganisation se fera sentir
à la longue, et il faudra toujours revenir à
réunir et mêler les divers éléments du sol
pour rétablir l'équilibre et ramener la ferti-
lité. Pour rendre ceci plus sensible, supposons un sol composé de la manière suivante:
une couche d'argile plastique, au-dessus
une couche de silice (poussière schisteuse
ou granitique) et sur celle-ci une couche de
chaux. Enfouissez des grains dans l'une ou
l'autre de ces couches superposées, et vous
reconnaîtrez que chacune d'elles isolément
est infertile. Mélangez le tout, et le principe
de production naîtra à l'instant dans ces
couches inertes; ce qui s'explique par les
réactions chimiques qui s'opèrent dans le

sol. Les labours ont précisément pour objet principal de mêler plus intimement les diverses bases de chaque terrain, tout en facilitant aussi, accessoirement, l'absorption des gaz atmosphériques et les influences du soleil. De là, la nécessité des labours fréquents, profonds, attaquant et tournant la couche végétale tout entière.

L'*humus*, ce principe ou plutôt ce composé de principes vivifiants dont s'imprègne chaque parcelle du sol, se volatilise en partie, et tend, pour l'autre partie, à descendre dans les régions inférieures par suite de sa pesanteur spécifique, indépendamment même des pluies qui accélèrent d'autant encore sa disparition des couches supérieures. Il est entraîné au fond du sol comme un *précipité* quelconque au fond d'un vase.

Après ce que nous venons de dire sur la composition des terres végétales, et dans la conviction où nous sommes de la nécessité absolue de mélanger intimement par des labours fréquents et profonds les divers éléments producteurs qui constituent la richesse du sol, et dont l'équilibre tend toujours à se rompre, nous ne serions pas logique, si nous ne donnions pas la préférence à la culture en planches sur celle en billons.

Le jour où l'on labourera et l'on nettoiera les champs comme des carrés de jardin, ce jour-là, le niveau du rendement haussera considérablement. Mais cela est-il possible? Oui; et qu'on ne crie pas à l'utopie: car non-seulement ceci est praticable, mais c'est même pratiqué d'une manière générale dans d'autres pays, et l'on en voit aussi de nombreux et d'heureux exemples en France.

Avec une charrue à soc plat et tranchant, à laquelle suffit une force de traction moitié moindre que celle exigée par les charrues ordinaires, on peut fouiller le sol à 20, 25 et 30 centimètres, suivant les cas et suivant la constitution du sous-sol.

Lorsqu'on laboure en planches, chaque bande de terre est versée sur le côté et juxtaposée à la précédente. L'aire ou le fond du labour présente une surface plane dont toutes les bandes sont détachées. Donc le charrarge est complet ; la herse l'émotte ensuite aussi finement que l'on veut.

Vous ne feriez pas mieux avec la bêche dans un jardin.

Qu'est-ce qu'un billon, au contraire ? Quatre traits de charrue, et plus souvent encore d'une charrue à soc conique, impriment quatre coches ou raies dans le terrain, et voilà la besogne faite. C'est expéditif, mais c'est peu rationnel. Voyons en effet le dessous du billon. Le milieu n'est point entamé, et est tout bonnement recouvert par le rejet de la terre provenant des deux premières raies. Les deux autres raies appaient chaque bande soulevée contre la précédente, et laissent de chaque côté un sillon séparatif du billon suivant. Ce sillon ou raie nue n'a plus ni fumier ni bonne terre végétale : car le tout a été monté sur le billon. Autant de raies de cette sorte, autant de terrain perdu pour la production. Nous savons bien qu'on y sème également du grain et qu'on le recouvre avec un peu de terre empruntée au sommet du billon ;

mais nous savons bien aussi que ce grain vient mal, donne un épi moindre que ceux qui viennent au sommet, et, qu'en définitive, cela ne sert qu'à former un mélange de gros et de petit grain, au lieu d'un grain uniforme. Règle générale : le haut du billon offre l'aspect d'un rang de beaux épis ; puis les épis diminuent à mesure que l'on descend vers le fond de chaque raie. C'est une véritable progression décroissante. Ceci devrait suffire déjà pour avertir que ce mode de culture est vicieux.

Mais poursuivons : dans les planches bien faites, à plan horizontal, l'eau pluviale traverse la couche labourée, ce qui vaut mieux qu'un ruissellement en dessus, par cette raison que l'eau du ciel, les pluies d'orage surtout, contiennent des principes fortifiants, principes qui se dégagent et que le sol s'assimile pendant que l'eau filtre jusqu'au sous-sol. Là, si ce sous-sol est perméable, l'eau est absorbée et se perd dans les profondeurs de la terre. S'il y a au contraire imperméabilité, elle s'écoulera dans les

deux raies profondes que vous aurez creu-
sées de chaque côté de la planche, et, dans
aucun cas, les racines du grain ne trempe-
ront dans une eau stagnante et sans issue,
ainsi que cela arrive dans les cultures en
billons. C'est donc surtout dans les terres
où règne un excès d'humidité qu'il faut
faire des planches, et c'est un contre-sens
bien irréfléchi que de prétendre le contraire.

Par sa forme convexe, le billon semble
fait pour que les eaux pluviales ne le traversent pas, et c'est bien là en effet le but
que les cultivateurs se proposent. Mais la
raie s'emplit bien vite, et comme elle n'est
pas labourée en dessous, elle retient l'eau
qui souvent monte et séjourne au niveau
des racines, bien que le sommet du billon
soit encore à découvert.

Certains cultivateurs refendent leurs billons par le milieu, et dès lors le sol est mieux
labouré. Mais ce double travail devient
alors plus long que le charruage en planches, et les inconvénients subsistent tou-

jours les mêmes pour les nouvelles raies qui séparent les billons.

Tout ce que nous venons de dire peut se résumer de la façon suivante :

1° Tout le sol est entamé et tourné de façon que les gaz atmosphériques pénètrent facilement toute la couche arable qui a été soulevée ;

2° Les eaux pluviales, et surtout celles des orages, qui contiennent de précieux éléments fertilisants, traversent aussi cette même couche, au lieu de ruisseler à la surface comme cela a lieu dans l'autre mode de labourage ;

3° Toutes les plantes adventices, les chiendents bulbeux ou traçants, peuvent être rompus par la herse, amenés à la surface et enlevés du champ ;

4° Les planches, par leurs surfaces planes, permettent l'emploi avantageux des instruments perfectionnés, tels que semoir, herse Valcourt ou Howard, rouleau compresseur, scarificateur, extirpateur, etc. ;

5° Possibilité d'un enfouissement à peu

près régulier au moyen de la *herse à couvrir* ;

6° Terre mieux ameublie, et par conséquent offrant un milieu plus convenable au développement de la plante ;

7° Moins de raies; donc moins de terrain non occupé ;

8° Uniformité plus grande dans les épis, et par conséquent dans le grain de la récolte.

Malgré tous ces avantages, l'usage, la routine, de fausses idées sur les moyens d'égoutter les eaux pluviales que l'on regarde comme pernicieuses, tandis qu'elles sont bienfaisantes, à la condition de ne pas séjourner à la région des racines, un outillage auquel on est habitué et que l'on ne veut pas changer, toutes ces causes entretiennent encore dans l'Ouest l'usage de la culture en billons.

Mais en vérité le billonnage n'a pas de raison d'être pour quiconque observe de près. C'est une de ces pratiques insoucieusement suivies d'âge en âge et consacrées par le temps. Mais comme il n'y a jamais prescription contre le bon sens, quelle que soit l'ancienneté de cette méthode, elle ne doit pas être acceptée ainsi sans examen par la nouvelle génération agricole.

CHAPITRE IV

GERMINATION

—

Le grain préparé comme nous l'avons
dit sera mis en terre par un beau temps,
sec, si c'est possible ; car l'excès d'humidité
favorise le développement des parasites de
la céréale.

Voyons maintenant ce qui va se passer.

Vous avez remarqué sans doute que le
grain porte à un de ses bouts le germe, et à
l'autre une sorte de pinceau, de houppe cotonneuse. Le reste est un composé d'amidon
et de gluten destiné à substanter la plante

nouvelle jusqu'à ce qu'elle puisse vivre dans le sol et dans l'air.

Le premier phénomène de la végétation s'accomplit sous terre, hors de notre vue, sous l'influence d'un peu de chaleur et d'humidité. On l'appelle *germination* du nom de l'embryon qu'on nomme *germe*. Cet embryon contenait déjà l'ébauche rudimentaire d'une plante complète semblable à celle dont il provient.

Il est relativement très petit en regard de la masse farineuse qui l'accompagne et que l'on nomme l'endosperme (du grec endon, en dedans, sperma, graine). On lui donne aussi le nom d'*albumen* et de *périsperme*; mais nous lui conservons celui d'endosperme, les deux autres appellations n'étant pas exactes. En effet, le mot albumen dérive d'une comparaison avec le blanc de l'œuf: et le mot perisperme, qui signifie *autour de la graine*, manque de justesse dans bien des cas. Dans le grain de blé notamment, l'endosperme est *unilatéral*, c'est-à-dire qu'il est tout entier situé d'un seul côté de l'embryon. Lorsqu'il l'entoure comme dans l'amande de la noisette, il est dit *périsphérique*.

Sous l'action de la chaleur et de l'humidité, l'embryon végétal se gonfle, se développe, et alors apparaissent visiblement les parties organiques de la plante et qui sont : la *radicule*, rudiment de la racine, au-dessus, la *tigelle* ou petite tige, et à l'extrémité de celle-ci, la *gemmule* ou bourgeon.

Quelques-uns réunissent la tigelle et la gemmule sous la commune dénomination de *plumule*, mais nous préférons la division en trois parties distinctes comme étant mieux l'image d'un végétal tout constitué.

Voici donc un petit être végétal né à la vie en quelque sorte. Mais comment sera-t-il pourvu à son alimentation ? C'est ici qu'apparaît encore l'ordre merveilleux de la nature dont la prévoyance n'est jamais en défaut, à moins de cas qui présentent des conditions fortuites et anormales.

Multiple et diverse dans ses manifestations, la grande créatrice universelle n'emploie guère que des procédés simples et uniformes, et les phénomènes de la vie végétale ont beaucoup d'analogie avec ceux de la vie animale, ainsi que nous aurons plus d'une fois l'occasion de le faire remarquer.

De même qu'il faut au petit être humain qui entre dans l'existence du lait d'abord, puis une sorte de bouillie sucrée, de même l'embryon végétal a besoin d'une préparation analogue, laiteuse et édulcorée. Cette provision alimentaire ne va pas non plus lui manquer, soyez-en certain, et elle va se trouver juste à point, au moment précis du besoin.

Bien plus, chose plus étonnante, le nouveau-né végétal va même trouver à côté de lui une sorte de nourrice qui modifiera et rendra plus assimilable encore la matière nutritive qui l'attend. Il ne lui manquera donc aucun des soins que réclament ses premiers jours d'existence.

En effet, l'endosperme dont nous avons parlé sera transformé en *dextrine*, puis en *glucose*, sous l'influence d'un agent chimique, d'une sorte de ferment qu'il renferme aussi dans sa masse amylacée, et qui a la propriété de saccharifier l'amidon et d'en faire précisément la bouillie sucrée dont le végétal enfant ne peut absolument se passer. Cet agent chimique se nomme *diastase*. La *dextrine* qu'il produit s'appelle ainsi, parce qu'elle fait dévier à droite le plan de polarisation de la lumière.

Nous avons dit qu'une nourrice allait aussi se présenter pour allaiter le nouveauné. La voici en effet toute grassouillette et tout habillée de vert ; mais comme elle appartient au règne végétal, elle se montre tout simplement sous l'apparence d'une feuille modifiée. On l'appelle *cotylédon*.

La plantule du blé n'a qu'un cotylédon, mais une foule d'autres embryons en ont deux.

On dit des plantes qu'elles sont monocotylédones ou dycotylédones, suivant qu'elles sont munies d'un ou de deux de ces appendices chargés du soin de leur première nutrition.

On nomme acotylédones celles qui n'en ont pas, mais ce sont des exceptions. Dans la céréale dont nous nous occupons, le cotylédon est inséré sur la tigelle au-dessous de la gemmule qu'il alimente avec le glucose dont il s'est emparé et qu'il a élaboré à nouveau avant de le transmettre à la plantule. Une fois ses fonctions remplies, et lorsque le végétal devenu adolescent peut se substanter par lui-même au moyen des appareils organiques dont il est pourvu et avec lesquels il puise dans la terre et dans l'air, ces deux grands réservoirs communs, les sucs et les gaz qui lui sont propres, le cotylédon sèche et tombe. On a renvoyé la nourrice devenue inutile.

Nous engageons les instituteurs qui donnent à leurs élèves des notions de physiologie végétale à faire l'acquisition d'un microscope à graine qui coûte 3 fr., afin de leur faire voir les phénomènes que nous avons décrits.

Faisons ici une remarque qui sera un témoignage de reconnaissance envers le grand organisateur des mondes, qui pour l'accomplissement de ses œuvres a pris les plus admirables dispositions. Nous avons vu que le grain de blé porte le germe à l'une de ses extrémités. Or, que serait-il arrivé, s'il eût fallu que le semeur piquât ce grain de façon que la gemmule de l'embryon fût tournée vers le ciel? Le travail eût été tellement long, qu'il eût été irréalisable dans la pratique. Mais à cet égard aucune précaution n'est à prendre. Que le grain tombe horizotalement ou même germe en bas, peu importe. La plumule se coudera, s'il le faut, pour monter à l'air, de même que la radicule s'infléchira du côté du sous-sol.

N'est-ce pas ici le moment de faire comprendre et toucher du doigt en quelque sorte le mystère de la végétation du parasite que nous avons nommé la carie? Si le grain de semence a été infesté de cette poudre noire du cryptogame qui s'attache si facilement à la petite houppe cotonneuse qui existe à l'une des extrémités, il arrivera que le champignon se développera aussi dans le glucose. Mais comme ces sporules ne donnent pas naissance à un végétal spécial, ayant une vie distincte et séparée, le parasite se faufilera sournoisement pour ainsi dire dans la tige du blé, et finalement se substituera à l'hôte aux dépens duquel il aura vécu; de sorte qu'au lieu d'amidon et de gluten on ne trouvera plus dans l'épi qu'une subtance noire et de mauvaise odeur, nouvelle famille d'urédinées.

Mais comment expliquer qu'un grain provenant d'une récolte non atteinte de carie, puisse donner des produits qui en seront infestés l'année suivante ? La chose est simple : c'est que l'atmosphère est pleine de millions de spores et seminules, poussière invisible charriée par les vents et qui peut être portée fort loin.

Que les cultivateurs en soient bien certains. les faits se passent ainsi que nous venons de le dire : aussi nous ne pouvons comprendre qu'ils soient négligents et insoucieux de leurs plus graves intérêts, à ce point d'omettre. par une sorte d'inertie coupable, l'opération si simple et si peu coûteuse du sulfatage.

· Nous le répétons, un grain qui pourra vous paraître sain cachera un germe de mort. Donc faites la préparation recommandée.

CHAPITRE V

MOYENS DE NUTRITION DU VÉGÉTAL

—

Les racines sont les organes de nutrition
qui servent à absorber les sucs nourriciers
du sol, comme les feuilles et les tiges sont
les appareils aériens qui concourent aussi
au développement de la plante par l'absorption des gaz atmosphériques.

Elles prennent différents noms, emprun-
tés aux formes qu'elles affectent. Ainsi l'on
dit qu'elles sont pivotantes, si elles n'ont
qu'un axe allongé, sans radicelles considé-

rables, et, dans ce cas, les radicelles se dé-signent par l'appellation de *cherelu*.

La racine est dite *fasciculée* ou *fibreuse*, lorsqu'elle comprend un grand nombre de filaments qui partent tous d'un même point de sa base, que l'on appelle le plateau; *tubéreuse*, lorsque, sur ces fibres, il se forme des renflements. Elle est *fusiforme*, lorsqu'elle prend l'aspect d'un fuseau.

Quant à la racine du grain de blé, elle porte le nom de *coléorhize* (*coleos*, gaîne, *rhiza*, racine). Comme celles de la plupart des végétaux monocotylédonés, elle est composée ou fasciculée et son nom parti-culier lui vient de ce qu'une sorte de gaîne enveloppe chaque fibre à sa base.

Les anciens physiologistes avaient cru voir à l'extrémité des racines des organes spéciaux d'absorption, qu'ils avaient nom-més *spongioles*, par analogie avec l'éponge. Ils en avaient fait des sortes de suçoirs ou de petites pompes aspirantes, puisant dans l'*humus* les sucs nourriciers et les sels li-quéfiés qui se trouvent à leur portée.

Mais ces idées n'ont pu tenir devant une analyse anatomique plus exacte. L'extrémité des racines, dépourvue d'épiderme, est un composé d'un tissu cellulaire où s'accomplit le phénomène de l'*endosmose* ou d'absorption. C'est une sorte d'imbibition, qui se transmet d'une cellule à l'autre. Il en est de même ici que pour les animaux, chez lesquels la peau et le tissu sous-cutané sont de véritables appareils propres à l'endosmose. Il est des races animées chez lesquelles on ne remarque aucun organe digestif et qui ne vivent par conséquent que par absorption du fluide ambiant.

A l'inverse de ce que nous voyons dans les tiges et les feuilles, l'épiderme des racines n'est point percé de *stomates* ou pores. On ne peut donc pas dire que c'est par là que se fait l'absorption des liquides nourrissants.

Trois phénomènes concourent à cette absorption, savoir : la *capillarité*, l'*endosmose* et l'*aspiration* des tiges et des feuilles. Ces trois causes déterminent le mouvement ascensionnel de la sève.

Le mot de capillarité est tiré d'une comparaison avec un cheveu : on suppose en effet qu'il s'agit de tubes d'une ténuité capillaire. Plongez un de ces tubes, en verre par exemple, dans un vase qui contienne de l'eau, et vous verrez celle-ci monter dans le tube bien au-dessus du niveau extérieur. Pour qu'il y ait ascension, il faut que le liquide ait de l'affinité pour la matière dont le tube est composé, et alors le sommet de la petite colonne est concave. Si le liquide, au contraire, ne mouille pas le tube, si par conséquent il y a répulsion plutôt qu'attraction, le phénomène inverse aura lieu, et il y aura dépression de la colonne au-dessous du niveau extérieur, et le sommet terminal présentera une courbure convexe.

La force capillaire est due, d'après Newton, à l'attraction d'un solide sur un liquide, et la courbure du sommet de la colonne, à celle de ce liquide sur lui-même.

Mais la force capillaire seule est impuissante à expliquer l'absorption des liquides par les racines : car la capillarité cesse dans des canaux fermés et pleins, quelque déliés qu'ils soient. Pour rendre compte de la circulation de la sève dans les végétaux, il faut donc, outre la loi de la capillarité, faire intervenir deux autres causes : l'*endosmose* et l'*aspiration* des feuilles.

L'endosmose est l'extravasion réciproque des liquides à travers les tissus. Prenez un récipient séparé en deux parties par une membrane, et versez dans l'un des compartiments du vin rouge et dans l'autre de l'eau pure, et vous verrez que peu à peu le vin passera du côté de l'eau, qui se colorera en rouge et que l'eau s'extravasera aussi du côté du vin, qui cessera d'être pur ainsi qu'il sera facile de s'en assurer. Voilà l'endosmose.

La respiration des feuilles, absorption et exhalation des gaz, amène aussi forcément un mouvement ascensionnel et circulatoire de la sève.

La sève, qui dans les plantes joue un rôle analogue à celui du sang artériel dans les races animées, mérite assurément que l'on

en fasse ici connaitre le fonctionnement et
les propriétés.

De même que le sang vient s'oxygéner au
cœur, au contact de l'air introduit dans les
poumons, de même aussi la sève s'élabore
et se combine dans les feuilles, organes
respiratoires des végétaux.

On remarque trois mouvements différents dans la circulation de la sève, et l'on
dit qu'elle est ascendante, descendante,
intracellulaire ou giratoire.

Les racines, comme la tige, sont composées de tissus cellulaires, vasculaires et fi-
breux. Ces deux derniers se composent de
tubes ou canaux extrêmement fins, où l'ascension de la sève se fait au moyen de la
capillarité. De plus, les cellules des radicelles possèdent aussi la faculté d'absorption par l'effet de l'endosmose, lequel se
produit de dehors en dedans en commen-
çant par les cellules superficielles et s'é-
tendant aux cellules médullaires, ou plutôt
médianes, car l'étui médullaire n'existe pas
dans les racines.

Ainsi la sève monte au printemps par les tubes capillaires des réseaux vasculo-fibreux et par le tissu cellulaire. Dans les jeunes végétaux, toute la partie ligneuse est donc imprégnée de la sève ascendante. Dans les vieux arbres, l'ascension se fait par l'aubier.

Pendant l'hiver, toutes les cellules du végétal engourdi sont remplies d'une sève épaissie, à l'état de stase, de non-circulation. Sous l'influence de la chaleur printanière, les bourgeons se gonflent, et ce gonflement appelle immédiatement les courants capillaires et endosmotiques. La dissolution aqueuse dans laquelle baignent les radicelles pénètre les cellules internes médullaires et y liquéfie les sédiments de l'an passé. Le développement des feuilles et l'évaporation aérienne sous l'action de la chaleur, accélèrent avec une grande énergie l'ascension de ce liquide nourricier qu'on appelle la sève de printemps. Elle continue à monter jusqu'à ce que le feuillage ait acquis son développement.

Dans ces feuilles, dont toutes les cellules et tous les méats sont saturés de sève, l'air, qui y pénètre par les stomates, modifie la nature de ce suc nourricier, qui prend le nom de *latex* et tend à descendre vers les racines entre le bois et l'écorce, par des vaisseaux laticifères spéciaux et par les fibres corticales.

Tout en descendant, le latex circule dans les vaisseaux dont nous venons de parler, et c'est ce mouvement, découvert depuis 1820 seulement, que l'on a nommé *cyclose*.

Le latex ou suc propre forme le *cambium*, lequel est lui-même le premier rudiment des tissus nouveaux.

Dans les plantes aquatiques, uniquement composées de tissus cellulaires, et dans certains organes de diverses plantes terrestres, les poils notamment, la sève, enfermée dans chaque cellule tourne sur elle-même par un mouvement de *rotation* ou de *giration* et décrit un cercle ou une ellipse, suivant la forme de l'utricule qui la contient.

Avec un bon microscope, on peut observer le phénomène, en suivant de l'œil des granules en suspens dans la sève. Voilà ce qu'on appelle la circulation intracellulaire.

Le mouvement rotatoire qui se manifeste dans telle cellule est indépendant de celui d'une autre cellule voisine, lequel sera tout différent et se fera peut-être en sens inverse.

Nous n'avons parlé que de la sève ascendante de printemps, laquelle a pour but de constituer les rameaux et le feuillage du végétal, dans son état définitif. Mais une seconde sève ascendante, dite d'août, se met aussi en mouvement dans certaines plantes, alors que le cycle de la première végétation s'est accompli avec précocité, et il naît de nouveaux bourgeons et un nouveau feuillage, jusqu'à ce que l'abaissement de la température automnale vienne interrompre ces derniers phénomènes végétatifs.

Le fait de la nutrition des plantes par leurs racines nous est donc connu. Mais ici

un mystère insondable nous arrête ; car
malgré les investigations laborieuses de la
science, il faut bien convenir que tous les
voiles dont s'enveloppe la nature n'ont pu
encore être soulevés. Toutefois chercher,
analyser, expérimenter, c'est la condition
même du progrès, et toute découverte porte
en elle-même la meilleure récompense du
travail de l'homme. Nous nous demandons
comment le végétal sait distinguer dans le
sol les éléments nutritifs qui lui sont propres. Dirons-nous qu'il est doué d'un ins-
tinct analogue à celui de l'oiseau, qui parmi
une foule de graines mélangées ensemble,
sait choisir celles qui sont assimilables à sa
nature et délaisse les autres? Ceci peut être
dit et supposé, mais ce n'est pas là une ex-
plication scientifique.

Poursuivons l'étude de notre sujet, et
disons qu'un végétal ne se nourrit pas seulement par ses racines, et qu'il puise aussi
en partie son alimentation dans l'atmosphère. Ce sont les feuilles, véritables appareils respiratoires, qui sont chargées de

cette dernière fonction. Comme les poumons dans l'homme, elles ont la faculté d'absorption et d'exhalation des gaz. Pour bien étudier ces phénomènes, nous devons nous rendre compte de la structure d'une feuille en général.

Une feuille ordinaire se compose d'un *limbe* ou lame parenchymeuse, d'une sorte de pédoncule ou *pétiole*, et d'une base ou vagin, au point de son insertion sur la tige ou branche.

Le limbe présente deux faces opposées, l'une supérieure, l'autre inférieure, dont chacune est recouverte d'un épiderme percé de *stomates* ou pores, aux lèvres un peu renflées. La substance comprise entre ces deux épidermes se nomme le *parenchyme* et est composée de deux rangées de cellules adossées et juxtaposées, qui renferment des granules amylacés, colorés en vert par la *chlorophylle*. Entre ces cellules il y a des méats, des interstices auxquels on a donné le nom de *lacunes*, et qui correspondent aux stomates, ces organes spéciaux de la respiration qui introduisent l'air dans les profondeurs de l'organisme.

Le tissu cellulaire de la face supérieure est plus serré que celui de la surface inférieure, et celle-ci porte un plus grand nombre de stomates ou pores.

La structure de la feuille est parfaitement appropriée à la fonction qu'elle a à remplir. Par la face inférieure du limbe, la feuille *aspire* les gaz atmosphériques. Aussi les stomates y sont plus nombreux ; elle *respire*, c'est-à-dire, qu'elle rejette par la face supérieure, la partie non utilisée de ces mêmes gaz.

On remarque aussi dans le parenchyme un réseau vasculaire qui constitue ce que l'on a appelé les nervures de la feuille. Ces nervures, qui ne portent point de stomates, sont les vaisseaux où la sève circule, et en la distribuant aux tissus cellulaires, elles remplissent un rôle analogue à celui des artères dans les races animales.

La respiration des plantes, c'est-à-dire l'absorption et l'exhalation de l'air, se fait donc, comme on vient de le voir, au moyen de ces organes spéciaux nommés stomates.

Nous devons distinguer deux fonctions dans la vie aérienne des végétaux : phénomène de la respiration, par l'absorption de l'oxigène et l'émission de l'acide carbonique, et phénomène de nutrition, par la décomposition de l'acide carbonique sous l'influence des irradiations de la lumière.

Dans les feuilles, les fleurs et les fruits, placés dans l'obscurité, on observe très nettement, on dose même, dans certaines expériences, l'émission de l'acide carbonique et l'absorption de l'oxigène. A la lumière, on remarque le phénomène inverse.

De là ces conséquences : la nuit, l'air d'un appartement qui contient beaucoup de fleurs ou d'arbustes, est vicié par la quantité d'acide carbonique exhalé. Le jour, au contraire, il sera enrichi d'une plus grande quantité d'oxigène et privé d'une portion d'acide carbonique. Cet air, alors, sera donc plus pur, et vous procurera une sensation agréable avec accélération de la respiration.

La plante est donc, le jour, une sorte d'appareil de réduction, d'assainissement de l'air, tandis que les animaux sont toujours, par leur exhalation d'acide carbonique, une cause d'altération de la pureté de l'atmosphère.

Nous ferons remarquer qu'il n'y a que les parties de la plante possédant de la chlorophylle qui puissent décomposer l'acide carbonique, et par conséquent emmagasiner du carbone, qui deviendra du bois, tandis que les organes dépourvus de cette substance verte ne vivent que comme des parasites sur de la matière organique préexistante.

L'obscurité, chargée de calorique, accélère la respiration de la plante, et par conséquent son développement par la nutrition. Ce second phénomène étant essentiellement lié au premier, il y a donc avantage à placer les jeunes végétaux sous des cloches de verre ou dans des serres. Dans ces conditions, il y a certainement dispersion des rayons solaires: les plantes ne jouissent pas autant qu'en plein air des ondes lumineuses, mais elle bénéficient de l'accroissement de la température, et par conséquent de la nutrition par une plus grande énergie de la respiration.

L'air contient 79 parties d'azote et 21 d'oxigène. Tel est l'air normal. Mais dans l'atmosphère, il se trouve imprégné de vapeur d'eau, et mélangé d'une petite quantité d'acide carbonique, et même de miasmes provenant des exhalaisons de la terre et de la respiration des animaux.

La plante absorbe par ses stomates l'oxigène de l'air, qui sert à des phénomènes intérieurs analogues à ceux de la combustion, l'azote, qu'elle utilise dans ses tissus cellulaires, et enfin l'acide carbonique, avec lequel elle compose ses parties ligneuses. Mais pour décomposer et fixer ainsi le *carbone* contenu dans ce dernier gaz, l'action de la lumière est indispensable. Il suit de là que, dans l'obscurité, la plante exhale de l'acide carbonique non décomposé, et peut devenir une cause d'accidents dangereux. En effet, la nuit, le végétal absorbant l'oxigène de l'air ambiant et exhalant de l'acide carbonique, cet air, dans un appartement clos , dans une chambre à coucher par exemple, peut se trouver modifié sensiblement par la présence des plantes qu'on aurait eu l'imprudence d'y mettre. Il y a diminution d'oxigène et excès d'acide carbonique. Or, lorsque l'air contient 30 pour cent de cet acide, il devient irrespirable et produit l'asphyxie. Une lumière s'y éteint. On voit tout de suite le danger qu'il y aurait pour l'homme à coucher la nuit dans une serre fermée.

La *chlorophylle*, c'est-à-dire la matière verte colorante contenue dans les végétaux, a besoin aussi de l'influence solaire pour se former, et tous les jours cette notion est utilisée et mise en pratique dans l'industrie maraîchère. En effet, on prive de lumière les salades et les légumineuses que l'on veut faire blanchir, et l'on empêche ainsi la chlorophylle de se former. Celle qui existait disparaît peu à peu par l'exhalation.

Dans le sujet spécial qui nous occupe,

dans la plante du blé, de même que dans toutes celles des graminées, il faut remarquer que la feuille n'est pas constituée absolument comme nous venons de le dire. Elle est anormale ; elle est plutôt un *phyllode* qu'une feuille proprement dite. En effet, ses nervures ne forment point un réseau, elles sont au contraire à peu près parallèles dans le sens longitudinal. Elle n'a point de pétiole ; elle est dite *sessile*, ce qui signifie qu'elle est directement insérée sur la tige ; sa base ou partie vaginale forme une sorte de gaine enveloppant la tige dans une assez grande longueur.

Maintenant que nous savons comment les plantes vivent, nous allons examiner ce dont elles vivent.

CHAPITRE VI

SUBSTANCES ALIMENTAIRES DES VÉGÉTAUX

—

La nourriture des végétaux se compose de substances qui appartiennent à trois ordres différents, savoir : corps gazeux atmosphériques, sels minéraux liquéfiés, et matières organiques végétales ou animales comprises sous la dénomination commune de fumiers.

En agriculture, on distingue entre les engrais et les amendements, quoique, à vrai dire, chimiquement et physiquement tout ce qui contribue à nourrir la plante pourrait être considéré comme engrais.

Comme nous l'avons vu, les principes gazeux de l'air sont absorbés par les stomates des feuilles, et les éléments minéraux et les fumiers, décomposés et devenus liquides, sont pompés dans le sol par les spongioles des racines.

En analysant chimiquement les parties constitutives des plantes, et en déterminant les proportions des substances qui les composent, on a pu se rendre compte du genre d'alimentation qui leur est propre. L'attention du cultivateur doit donc être appelée sur cet objet capital, qui est la première loi agronomique : rendre au sol, par des amendements et des engrais, l'équivalent de ce qui lui a été enlevé par les récoltes ; car il est bien évident que l'*humus* des terres arables n'est pas inépuisable, quelque riche que vous l'ayez trouvé tout d'abord.

L'homme est absolument impuissant pour modifier les gaz du grand laboratoire atmosphérique ainsi que les conditions climatériques, qui ont cependant une si grande action sur la végétation, soit comme nutrition, soit comme stimulant. Mais il n'en est pas de même en ce qui concerne la superficie des terres, dont il peut toujours enrichir l'humus au moyen d'amendements ou de fumiers, et c'est ce à quoi il doit le plus s'appliquer. Nous dirons même que l'agriculteur doit faire de cet objet son étude habituelle. C'est en pénétrant les mystères de la vie des plantes, et en se rendant compte de leur mode de nutrition, qu'il arrivera à dégager son cerveau des idées superstitieuses et des croyances à l'empirisme qui en obscurcissent la lucidité.

Dès la plus haute antiquité, la question des engrais a été considérée comme étant la principale en matière d'agriculture. Sans parler des Chinois, qui longtemps avant nos civilisations européennes avaient porté à un si haut degré les progrès agricoles et les perfectionnements de l'outillage, nous voyons que depuis Caton l'Ancien, qui vivait 200 ans avant Jésus-Christ, jusqu'à

Columelle, le plus célèbre agronome de l'antiquité (an 42 de J.-C.), une foule d'écrivains romains de premier ordre ne dédaignèrent pas de s'occuper du labourage et des engrais. Chez nous, Ollivier de Serres, de Dombasle, et parmi les contemporains, J. Girardin, de Gasparin, Barral, Boussingault, Joigneaux, Jacques Valserres, etc., etc., ont consacré leurs plus savants enseignements à ces questions de l'alimentation des plantes. Et de fait, une bonne monographie sur les fumiers ne vaut-elle pas mieux, au point de vue humanitaire, que la plus belle dissertation sur Kant ou Spinosa, ou qu'un roman échevelé qui, sous prétexte de morale, étale aux yeux du lecteur des scènes insensées, dramatisées par le poignard et par le poison ?

De tous les engrais propres au grain de blé et aux plantes en général, le fumier d'étable est le plus riche. Le premier soin du fermier est donc de faire du fumier, et à ce propos il doit toujours avoir présent à la mémoire cet aphorisme des anciens : *ven-*

*dre sa paille c'est vendre son fumier, et
qui vend son fumier vide son grenier.*

Le fumier dans son état normal contient
un *humus*, produit des litières en décomposition, des matières animales également
en décomposition, des sels d'ammoniaque, de soude, de potasse, des carbonates de chaux et de magnésie, des phosphates de chaux, des silicates, des sulfates
et des phosphates solubles de fer et de
matières terreuses, etc.

Affirmons donc hautement que le fumier
est un trésor. Cependant la plupart des fermiers, qui aiment tant à thésauriser des
pièces de monnaie, gaspillent sans souci ce
trésor de l'agriculture.

Voici les règles générales à observer à
l'égard du fumier :

1° Le laisser sous le pied des animaux 12
à 15 jours, de façon à ce que les végétaux
qui forment la litière soient bien imprégnés d'urine et soient prêts à entrer en décomposition ;

2° Le mettre à l'abri des eaux pluviales

qui le laveraient trop, et des ardeurs du soleil qui en feraient évaporer les gaz ;

3° Faire une forme dont on tassera fortement les couches supérieures, toujours pour éviter la déperdition des gaz, et surtout de l'ammoniaque qui provient de la fermentation intérieure ;

4° Creuser aux extrémités de cette forme de petits réservoirs où le purin se déversera, et d'où il pourra être remonté pour arroser la masse à laquelle trop de sécheresse ferait prendre le *blanc* ;

5° Ne couper le fumier que lorsqu'il est parfaitement réduit en pâte homogène, liante, ce qu'en terme du métier on appelle *marc* ou *beurre noir*.

Toutefois nous ferons observer que, si un fumier court agit plus vite et convient mieux aux prairies, celui qui est long, pailleux, non complétement décomposé, ayant une action plus lente, mais de plus longue durée, alimentera d'une façon plus soutenue les céréales qui doivent végéter longtemps.

Il y a aussi les fumiers chauds et les fumiers froids. Ceux de mouton et de cheval appartiennent à la première catégorie et agissent vite ; ceux des bêtes à corne, d'une action plus lente, sont classés dans la seconde.

Celui de porc ne vaut rien seul, et doit être mêlé à des fumiers chauds dont il tempèrera l'échauffement.

Des règles qui précèdent, et qui sont fondamentales, il résulte que c'est une pratique insensée que de mener le fumier aux champs pendant les mois chauds de l'été. Il ne contient plus, à la Toussaint, de principes fertilisants, puisqu'il aura été brûlé par le soleil et dilué par les pluies.

En général, il vaut mieux produire sur place le fumier dont on a besoin que de l'acheter. Mais cependant ceux du commerce rendent aussi de grands services.

Nous ne terminerons pas ce chapitre sans indiquer comment on peut préparer d'excellents engrais liquides hâtant et augmentant le volume des végétaux, et surtout

6

des légumineuses et des racines fourragères. Nous les classerons suivant leur
valeur et leur énergie, c'est-à-dire d'après
leur richesse en azote :

1° Matières fécales suffisamment étendues d'eau et désinfectées avec du sulfate
de fer :

2° Sang des abattoirs préparé de la même
façon.

3° Guano naturel auquel on ajoute huit
fois son volume d'eau :

4° Tourteaux de graines oléagineuses ré-
duits en poudre et additionnés de six fois
leur volume d'eau. Emploi au moment où
ce liquide commence à fermenter :

5° Purin avec un tiers d'eau :

6° Urines avec quatre fois leur volume
d'eau et employées au moment de la fermentation après désinfection par la cou-
perose.

Nous trouvons ici l'occasion toute naturelle d'émettre un vœu qui touche aux intérêts les plus sérieux de la fortune terri-
toriale : c'est que l'ouest et le centre de

la France soient mis en communication directe par voies ferrées avec la vaste baie du Mont-Saint-Michel, où viennent s'amonceler et se renouveler chaque jour d'inépuisables dépôts de tangues, et où, à certaines époques de l'année, peuvent être coupées et livrées au commerce des végétations marines, goëmons et varechs, riches en principes fertilisants.

Un projet de chemin de fer dont l'étude venait d'être terminée et qui devait relier directement Orléans à Saint-Malo en passant par l'Orne, la Mayenne, l'Ille-et-Vilaine, et en touchant à Pontorson, entrepôt désigné des engrais marins, promettait un élément certain de prospérité à des contrées laborieuses, essentiellement agricoles, lorsque la guerre éclata et en ajourna la mise à exécution. (1870).

Les tangues, qui contiennent des sels alcalins et du calcaire, sont un engrais spécial pour les prairies, et pourraient devenir, par leur emploi judicieux dans les terres arables, un équivalent ou tout au

moins un correctif du carbonate de chaux
dont l'action prolongée outre mesure devient épuisante.

Le projet en question, retardé dans son
exécution mais non abandonné dans son
principe, sera une telle source de richesses,
rien qu'au point de vue de l'agriculture
seulement, que tous les efforts individuels
et collectifs doivent tendre à sa réalisation
la plus prochaine.

Il existe au ministère des travaux publics
des brochures qui ont très bien élucidé cette
question du chemin de fer d'Orléans à
Saint-Malo, et les rapports des ingénieurs
sur les études faites pourraient être pré-
sentés dans un bref délai.

Il faut bien, dans l'état actuel de nos
finances, se résigner à n'opérer que par
tronçons, en s'adressant à de puissantes
Compagnies, en groupant les subventions
accordées par les pays traversés, et en ne
demandant presque rien à l'Etat.

Le chemin de fer de Fougères à Pontorson
et Dol est en partie achevé, et il est entre

les mains d'une Compagnie qui a la plus grande hâte de le terminer. Combien coûterait donc son prolongement jusqu'à Mayenne, où il rencontrerait la ligne transversale de Laval à Caen ? La distance de Mayenne à la station de la Selle-en-Luitré sur la ligne de Fougères est de quarante-quatre kilomètres. Si l'on prend pour base d'évaluation le prix kilométrique de la ligne de Fougères à Pontorson, lequel est de cent dix mille francs, avec double voie, on verra que le tronçon sur Mayenne ne coûterait que quatre millions huit cent quarante mille francs, soit cinq millions en chiffres ronds. On sait que cinq millions sont un minime denier pour les grandes Compagnies de chemin de fer.

Ce projet n'offre donc que des proportions relativement peu considérables. Et que l'on n'oublie pas que c'est là l'un des plus grands *desiderata* de l'agriculture dans l'Ouest, ce qui justifie la digression que nous venons de faire.

CHAPITRE VII

FLORAISON

—

Comme nous l'avons fait pour les feuilles, organes respiratoires des plantes, que nous avons assez minutieusement décrites, nous devrons également soumettre au microscope et à l'investigation analytique de l'esprit l'appareil floral qui contient les organes de la reproduction, et qui est par conséquent le principal but auquel concourent toutes les forces du végétal.

Il s'en faut que les fleurs soient toutes organisées de la même manière; mais nous prendrons pour objet de notre étude une fleur complète ordinaire, celle d'une rose simple, par exemple.

Tout l'appareil floral est supporté généralement par une tige qui prend le nom de *pédoncule*.

Une enveloppe extérieure (premier verticille) se nomme le calice et semble n'être qu'une extension foliacée du pédoncule. Les diverses parties du calice formant dentelure se nomment les *sépales*.

Le second verticille (on appelle verticille chaque série d'organes formant cercle concentrique) est la *corolle*, c'est-à-dire un ensemble de folioles d'une délicatesse et d'un éclat remarquables, et qui s'appellent les *pétales*.

Les *étamines* forment le troisième verticille et se composent d'un *filet* et d'une *anthère*, sorte de sphéroïde creux à un ou deux compartiments, rond ou oblong, contenant une poussière jaune-orange qui n'est autre que le *pollen*.

Chaque grain de pollen est une utricule

revêtue de deux membranes superposées. La première est dure, presque inextensible, se rompant facilement au contact de l'humidité : elle s'appelle *exhyménine*. La membrane intérieure ou *endhyménine* est mince, transparente, très susceptible d'extension, pouvant s'allonger en boyau. Elle renferme la *fovilla*, sorte de fluide huileux dans lequel nage une foule de corpuscules granuleux, ronds ou allongés.

La fovilla est la véritable liqueur fécondante des *ovules* de la plante.

Les étamines sont les organes mâles de la fleur, puisqu'elles portent la poussière fécondante ou *pollen*.

Il existe un dernier organe intérieur, un quatrième verticille : c'est le *pistil*.

Nous distinguerons trois parties dans le pistil. Sa base repose sur un renflement qui contient les ovules et que, pour cette raison, on a nommé ovaire. Au-dessus s'élève une petite colonne nommée style (le mot grec stylos veut dire colonne). Il est creux à l'intérieur, et il se termine par un sommet glanduleux qui se nomme *stigmate*.

Le stigmate percé d'ouvertures s'imprègne d'une liqueur qu'il sécrète au moment où va se faire la fécondation. C'est l'organe femelle.

Nous avons maintenant toutes les données suffisantes pour expliquer l'acte générateur et le suivre dans ses phénomènes successifs.

L'épanouissement d'une fleur ne ressemble-t-il pas aux splendides préparatifs d'une fête ? Ces nectaires chargés de miel odorant ne peuvent-ils pas être comparés à des cassolettes ciselées exhalant des parfums ? Et cette brillante corolle circulaire n'est-elle pas un charmant pavillon dont le dôme est un fragment de ciel bleu, et dont les parois sont tendues de draperies douces comme un duvet de velours et nuancées de couleurs diverses ? C'est qu'il s'agit bien, en effet, d'une véritable fête nuptiale. Les époux sont les étamines et les pistils, et on les dirait pris d'une sorte de frémissement joyeux.

Le mariage des fleurs offre pour l'observateur des particularités infiniment curieuses qui plongent l'esprit dans un doux ravissement, récompense des recherches opiniâtres. Mais nous ne pouvons nous occuper ici que des phénomènes les plus généraux.

A un moment donné, sous les caresses d'un doux rayon de soleil, les étamines s'infléchissent vers le pistil, l'anthère s'ouvre et livre passage à des grains de pollen qui sont projetés sur le stigmate du pistil. Un peu d'humidité fait gonfler puis éclater la première membrane de l'utricule pollénique. Celle-ci alors, qui n'a plus que sa seconde membrane parfaitement extensible, s'allonge en forme de boyau le long du canal interne du style du pistil. Elle descend jusqu'à l'ovaire qu'elle traverse, arrive au sommet du *nucelle*, et se colle au sac embryonnaire, qui se trouve fécondé par le contact de la fovilla.

Une fois l'acte de reproduction accompli et le but de la nature atteint, les organes générateurs n'ont plus de raison d'exister, et bientôt aussi ils disparaîtront.

Le palais embaumé où a eu lieu la fête du mariage voit ses riches tentures se faner, sécher et tomber comme des feuilles mortes. La corolle perd ses parfums et ses couleurs ; il n'est pas jusqu'à la muraille extérieure du logis qui ne croule aussi d'elle-même. C'est le calice ou premier verticille.

Il ne reste plus que la graine ou le fruit, suivant la nature du végétal.

De la floraison dépend la récolte. Mais l'acte de la reproduction échappe au pouvoir et même aux regards de l'homme, et est tout entier à la merci des influences atmosphériques. Toutefois, nous voyons encore ici la merveilleuse prévoyance de la nature qui intervient secrètement là où l'homme est impuissant. La précieuse graminée qui fait la base de notre alimentation est pourvue d'organes bisexuels. Elle est hermaphrodite, selon l'expression des botanistes, c'est-à-dire que, dans sa corolle (balle), elle renferme étamines et pistil abrités sous une *glume*.

Dans l'intérieur de la fleur, sous les deux

bractées, on remarque encore une autre enveloppe formée de deux écailles semi-transparentes, que l'on nomme des glumellules. Les étamines sont au nombre de trois dans le blé; leurs anthères sont à deux loges, qui s'ouvrent dans le sens longitudinal. L'ovaire est surmonté par un, deux ou trois styles plumeux, suivant les genres.

Ces organes de la fécondation réunis sous ce *tegmen* ne courent pas le risque des coups de vent ni de l'approche des insectes, ni même des pluies ordinaires. Le créateur des *infiniment grands* et des *infiniment petits*, semble avoir pris des dispositions particulières pour favoriser l'acte de reproduction qui nous importe si fort.

Détruisons en passant une erreur du vulgaire sur le phénomène de la floraison. La vérité est que nous ne voyons pas l'épi de blé fleurir, et que nous ne pouvons le surprendre dans l'accomplissement du fait génératif. Les anthères, qui sont ces petits sachets jaunes qui contiennent la poussière prolifique (pollen) projettent cette sub-

stance sur le pistil, et fécondent l'ovaire qui
est à sa base ; puis les filets qui supportent
les anthères s'allongent et les expulsent
au dehors. On dit alors que l'épi est fleuri,
tandis que l'on devrait dire qu'il est dé-
fleuri ; car les anthères sont vides et l'ovaire
est fécondé.

Mais il advient quelquefois que, malgré
ce que nous avons vu de précautions prises
par la nature, l'ovaire coule ou avorte, soit
par suite de trop fortes chaleurs, soit par
l'effet de pluies trop continues qui l'ont
gonflé outre mesure, et l'épi reste vide en
partie. On se rendra compte de cela, si l'on
veut bien réfléchir que le pollen est composé de petites outres ou vésicules micros-
copiques qui contiennent la liqueur sémi-
nale et qui crèvent au moindre contact avec
l'eau. A l'état naturel, c'est l'humidité qui
suinte à l'orifice (stigmate) du pistil, qui fait
rompre ces utricules au moment de leur
contact avec lui et la fovilla qu'elles contiennent, et qui reste enfermée dans la seconde membrane du grain de pollen que

nous avons appelée endhyménine, descend intérieurement le long du style jusqu'à l'ovaire. Si par un excès de chaleur l'humidité manque, si même la fovilla s'évapore dans les utricules du pollen, les anthères ne peuvent accomplir sur le pistil, et par suite sur l'ovaire, l'acte fécondant. Mauvaise récolte alors, malgré la plus belle apparence souvent.

Malgré ces cas fortuits, il est vrai de dire qu'il y a encore moins d'aléatoire pour le grain que pour bien d'autres plantes. La vigne, par exemple, n'a pas ses organes sexuels abrités ; tout est à découvert, à l'air libre, et exposé à mille chances de coulage ou d'avortement. On peut remarquer toutefois que cinq étamines entourent chaque pistil du grain de raisin, et qu'il y a là encore une merveilleuse prévision.

A présent que l'on sait comment s'opère la fructification de l'ovaire et que dans toute fleur il faut un pollen apporté sur le pistil, on sourira en entendant certains horticulteurs amateurs dire que, pour assurer la reproduction des fleurs doubles, il faut mettre dans leur voisinage des fleurs simples similaires qui seules portent graine. Les fleurs complétement doubles n'ayant aucun organe ni mâle ni femelle, aucun pollen à envoyer au pistil des fleurs simples, ne peuvent, on le comprend, exercer aucune action fécondante. C'est tout bonnement une erreur imaginée, comme tant d'autres, par ceux qui n'ont reçu aucune notion des sciences naturelles.

CHAPITRE VIII

GRENAISON

—

Nous avons vu que durant la période qui
suit la germination la plantule est alimen-
tée par le glucose provenant de l'endosperme et transmis par le ou les cotylédons.
Une fois pourvue de racines et de feuilles,
elle puise sa nourriture dans le sol et dans
l'air.

Jusqu'à la floraison, le végétal emprunte
peu à la terre, car les gaz atmosphériques
lui suffisent à peu près pour composer le

carbone de sa tige et la cellulose de ses tissus. On a donc pu conclure de cette observation que les récoltes destinées à être coupées en vert sont fort peu épuisantes. Mais, à partir de ce moment, ce sera l'inverse qui aura lieu. La fructification de l'ovaire exige des provisions de toute sorte mélangées dans l'humus. Si ce composé de principes vivifiants vient à faire défaut, le grain sera étiolé, petit, rachitique, ridé.

On remarque qu'après la floraison l'action végétative des feuilles se ralentit et cesse peu à peu jusqu'au moment où elles sèchent tout à fait. C'est que leur mission est accomplie ; elles n'ont plus besoin de rien emprunter à l'atmosphère. C'est la terre qui devient le laboratoire unique qui subviendra à la nutrition de l'épi.

Là où abonde l'humus, abondent les beaux épis : c'est une conséquence de ce que nous venons de dire. Avec le billonnage comme on le fait dans l'Ouest, le sommet de l'ados contenant pour ainsi dire double fumure, par suite de l'amoncèlement opéré par la charrue, tout le monde a pu voir qu'il porte les plus belles rangées d'épis, et qu'il y a décroissance, au contraire, pour celles du fond des raies.

La substance du grain de blé est amylacée. Elle contient du gluten et de l'amidon, ainsi qu'il est facile de s'en assurer. Délayez de la farine dans un verre d'eau et versez le tout sur un tamis. Les grains d'amidon seront entraînés avec l'eau, et il ne restera qu'une substance visqueuse, prenant aux doigts : c'est le gluten. Il est très nourrissant et lie bien la pâte au moment de la panification. Les grains d'amidon sont moins nutritifs.

Observés au microscope, ces grains d'amidon présentent une forme sphéroïdale et sont formés de couches superposées autour d'un centre commun qui se trouve à la surface et porte un filet ou *hile* par où ils se nourrissent. Lorsqu'une couche est ainsi formée, une autre se forme à la même place et pousse la première en allant du centre vers la circonférence, et ainsi de suite, jusqu'à ce que l'utricule entière soit remplie. Ce sont toutes ces utricules qui forment le grain de blé.

L'amidon est insoluble dans l'eau froide, mais à l'eau bouillante il se dissout et forme un empois, s'il n'y a qu'une faible quantité d'eau.

Supposons que la grenaison s'accomplisse dans les meilleures conditions, tout ne sera pas dit encore. Une foule d'ennemis invisibles sont là aux aguets, et, s'ils réussissent dans leurs entreprises, ils compromettront dans l'avenir, sinon actuellement, l'existence de la précieuse substance dont nous vivons en partie. Nous voulons parler du charançon, de l'alucite, de la teigne, etc., etc.

La calandre du blé (charançon ou cosson) dépose dans le grain en voie de formation une larve qui a la forme d'un ver, mou, blanc, long de 2 millimètres. Ainsi, sans nous en douter, nous rentrons au grenier des tas de blé qui renferment d'invisibles ennemis.

Ces familles de destructeurs, une fois introduites dans vos greniers, y vivront et s'y cacheront dans les fentes du plancher et les trous des murs, où elles s'engourdiront l'hiver pour reparaître aux mois chauds, et aller attaquer et pondre leurs œufs dans les céréales.

Cette larve, qui est toujours seule dans un grain, épuise sa provision de farine, se transforme en une nymphe d'un bleu transparent, qui au bout de dix jours a revêtu sa dernière forme et est devenue un charançon complet, qui perce alors l'enveloppe du grain pour en sortir.

L'éclosion de ces larves est favorisée par la chaleur et par l'immobilité.

La calandre dont il s'agit, et que l'on connaît surtout sous le nom de cosson, est pourvue d'ailes cachées sous des élytres.

Pour mieux faire comprendre comment le charançon dépose son œuf dans le grain, prenons un exemple plus saisissable et d'une analogie frappante.

Il y a une sorte de charançon qui dépose

sa larve dans la noisette, et qu'on appelle *balanine*. Il est de forme presque naviculaire, long de 7 à 8 millimètres, noir, couvert d'un poil jaunâtre. Avec sa trompe effilée, il perce la noix et y dépose son œuf. La larve éclot, ronge l'amande, perce la noix pour en sortir, pénètre en terre, se transforme en nymphe et devient ensuite un charançon.

Le trou par lequel le ver est sorti ou va sortir et qu'il a fait exactement rond est très visible dans la noix; mais celui par lequel il est entré n'est plus guère apparent, car il est cicatrisé.

La même chose se passe à l'égard du grain.

On ne s'étonnera plus que de si petits insectes puissent introduire leur œuf dans un grain de blé, dans une noix, lorsque l'on saura qu'il est d'autres insectes, sorte de mouches, les *ichneumons* par exemple, qui déposent leurs œufs dans les œufs d'autres insectes, dans le corps même de chenilles et autres animaux vivants, et cela

au moyen d'une tarière qui est la troisième
partie d'un cheveu, et qui a pour fourreau
deux moitiés d'un tube s'ouvrant chacune
de son côté. Cette tarière, qui est plus que
capillaire, est creuse cependant, et c'est par
son canal interne que passe son œuf, d'où
sortira une larve qui mangera l'autre œuf
ou le corps de la chenille dans laquelle elle
aura été introduite.

On indique mille moyens pour détruire
ou faire fuir les charançons. Celui qui nous
a toujours le mieux réussi, c'est de couvrir
d'un rang de bottes de foin frais, au sortir
du pré, l'aire ou plancher du grenier. Par
foin frais nous entendons du foin sec cependant, mais nouvellement fauché.

Les départements du Midi et du Centre
sont souvent ravagés par l'*alucite*.

L'alucite est un insecte lépidoptère noc-
turne. Il a bien 7 millimètres de long. Ce
papillon grisâtre dépose sur le blé un petit
œuf rouge, de 2 3 de millimètre. De cet
œuf éclot une chenille qui pénètre dans le
grain par un trou invisible pratiqué dans la

rainure. Elle y dévore la farine en laissant la pellicule bien intacte, de façon que rien ne manifeste sa présence.

Au bout de cinq semaines la farine est mangée : la chenille alors sort du grain par un trou percé dans la coque, se transforme en chrysalide, et six à sept jours après devient un papillon.

Les teignes du blé sont moins dangereuses que les deux espèces précédentes, en ce sens que leurs larves se logent sur le grain et non dedans.

Tous ces fléaux d'insectes si redoutables sont combattus très efficacement par le battage à la mécanique et par certaines machines spéciales, dont nous parlerons plus tard.

Les machines à battre impriment aux grains une vitesse de 600 à 800 mètres par minute, et les chenilles sont généralement tuées par le choc. Ceci est encore une raison de plus en faveur de l'emploi du battage mécanique.

Ne laissons pas passer l'occasion qui se

présente ici naturellement de plaider la cause des oiseaux. Si nous demandons grâce pour ces jolis petits êtres de la création, c'est moins pour leurs brillantes couleurs qui réjouissent la vue, et leurs doux chants, concerts gratuits qui emplissent d'harmonie les solitudes de la campagne, que pour les services importants qu'ils rendent au cultivateur, ce dont celui-ci les paie par la guerre impitoyable qu'il leur fait ou laisse faire.

Les oiseaux sont les sauveurs des récoltes, ce qui justifie ce mot d'un de nos plus grands écrivains philosophes: *L'oiseau peut vivre sans l'homme, mais l'homme ne peut pas vivre sans l'oiseau.* En effet, qui saisira au vol ces essaims d'insectes qui voltigent autour du grain en voie de formation pour y enfoncer un œuf d'où sortira un ravageur redoutable? Non-seulement contre ces armées composées d'ennemis de 7 à 8 millimètres de long, l'homme est complétement impuissant, mais il ne les voit même pas.

Veut-on se faire une idée de la prodigieuse faculté de reproduction de certains insectes, prenons par exemple le puceron, ce petit insecte de l'ordre des suceurs, vert, bronzé, rougeâtre ou brun, suivant le genre de plantes sur lesquelles il vit. Une variété, dite lanigère (porte-laine) qui sécrète une matière blanche et cotonneuse dont il est entièrement recouvert, s'attaque surtout aux pommiers, et par ses mille et mille piqûres y détermine des nodosités, des déformations et des érosions chancreuses qui compromettent la vie des jeunes arbres.

Un fait aujourd'hui hors de doute, parce qu'il a été observé par une foule de savants, c'est la fécondation transmissible à plusieurs générations, sans l'intervention des mâles. Cette faculté de reproduction spontanée semblerait même indéfinie, si la température estivale demeurait constante. Une expérience suivie pendant quatre années consécutives, dans un milieu chauffé artificiellement, est venue confirmer cette singularité.

De plus, autre phénomène biologique curieux, c'est que cet insecte est ovipare et vivipare. Cette étude est assez intéressante pour que nous nous y arrêtions un moment.

Vers la fin de l'automne seulement, les mâles viennent se mêler avec les femelles. Mais on ne reconnaîtrait guère alors ces petites bêtes, ventrues, presque privées de mouvement, qui n'ont pas parcouru pendant la première phase de leur existence, l'espace d'un demi-centimètre. Adultes, elles sont devenues des insectes aériens, assez élégants, ayant quatre ailes diaphanes, agréablement nuancées et relativement très longues.

Les mères, fécondées, collent leurs œufs aux feuilles, aux tiges des arbustes, choisis de préférence, suivant le genre de la colonie qui devra s'y nourrir au printemps suivant. Le renouveau arrivé, ces œufs éclosent et donnent naissance à de petits êtres, qui deviendront adultes au bout de dix à douze jours, et les femelles produiront à leur tour, non plus des œufs, mais de véritables pucerons vivants, absolument comme cela se passe dans l'ordre des mammifères. Les nouveaux venus, toujours sans le secours des mâles, qui ne reparaîtront plus qu'à l'automne, et toujours par le même mode de viviparité, engendreront de nouveaux petits, et cela se continue ainsi pendant les six à sept mois chauds de l'année. Il arrive que, suivant le calcul d'un savant, calcul facile à vérifier, un seul puceron est devenu un ancêtre qui laisse une postérité qui se chiffre par quintillions.

Le puceron du rosier est vert, ventru, ayant une sorte de trompe pourvue de suçoirs, qu'il enfonce dans le parenchyme des feuilles ou des jeunes pousses. Ses antennes sont longues et articulées ; ses six pattes sont assez longues aussi, ce qui lui est bien inutile pour le moment, puisqu'il semble avoir horreur de la locomotion. Mais ce que l'on remarque encore dans sa conformation, ce sont deux appendices, en forme de petites cornes, d'où le nom qu'on leur a donné de cornicules, et qui sortent de chaque côté de son abdomen, vers la partie inférieure, en se relevant sur le dos. Ces cornicules sont creuses et sécrètent une matière sucrée que l'insecte pompe, avec d'autres sucs, sur la plante qui le nourrit. Cette substance édulcorée paraît destinée à nourrir les jeunes pucerons, jusqu'à ce que leur trompe puisse s'enfoncer dans l'écorce de l'arbre ou arbuste qui le porte. Mais il y a souvent là des parasites, qui sont aussi très friands de cette miellée, et qui viennent prendre la place des nourrissons de la famille. Ce sont les fourmis.

Les fourmis, race remuante et prévoyante, se font même des troupeaux avec des tribus entières de pucerons qu'elles ravissent et qu'elles entraînent dans leurs cités souterraines. Les captives deviennent ainsi pour elles, en quelque sorte des petites vaches à lait, vertes ou brunes, qu'elles nourrissent avec des feuilles et des tiges tendres. Certaines fourmis sont préposées à la garde de ce bétail minuscule dont elles ne laissent échapper aucun individu. La façon dont elles traient les pucerons est curieuse. C'est

avec leurs antennes, et en chatouillant doucement les cornicules que les petits insectes
dont nous nous occupons portent à l'extrémité postérieure de leur corps, qu'elles font
suinter la liqueur sucrée qui leur sert pour
élever leurs larves et pour elles-mêmes.

Les pucerons et les fourmis ne s'engour-
dissent qu'au même degré de température,
2° 1/2 au-dessous de zéro. Les deux peupla-
des ont l'air d'avoir été créées l'une pour
l'autre.

Que nos jeunes lecteurs ne s'imaginent
pas que nous nous livrons ici à des écarts
d'imagination et que nous faisons un roman d'entomologiste. Les faits dont nous
parlons sont de la plus rigoureuse exacti-
tude, et ont pu être maintes et maintes fois
observés par les naturalistes.

Nous n'avons parlé que de la prodigieuse
fécondité des pucerons et du mode de reproduction que l'on a nommé *parthénogé-
nèse* et qui leur est spécial : mais il est d'autres insectes qui, comme eux, se multiplient
à l'infini, de sorte que l'on peut dire que

l'atmosphère est pleine de myriades de petits ravageurs, qui viendront sur les céréales ou sur les arbres à fruit pondre des œufs, d'où sortiront des larves qui ruineront nos espérances ou infesteront nos greniers.

S'il n'existait plus d'oiseaux, il n'existerait plus de récoltes, voilà un fait constant et indiscutable que tout agriculteur devrait avoir présent à la mémoire. Détruire les couvées, ravir les nichées, c'est donc gravement manquer aux lois de l'ordre éternel.

Une foule d'oiseaux ne vivent que d'insectes, et préservent ainsi les graminées et les arbres à fruit.

L'hirondelle détruit par jour des milliers d'insectes ailés.

Le moineau, tout pillard qu'il est, rend aussi les plus signalés services, puisque l'on a constaté que, pour élever une seule de ses couvées, il peut détruire jusqu'à deux mille hannetons. Le ver blanc qui fait tant de ravages est, comme chacun sait, la larve du hanneton.

Il n'est pas jusqu'aux reptiles et aux batraciens les plus repoussants, le crapaud, par exemple, qui ne se fassent les auxiliaires de l'agriculteur en détruisant une quantité innombrable de petits mollusques, de vers et d'insectes vivants.

Aussi, toutes les fois qu'il nous est arrivé d'écraser sciemment un être de la création, nous avons été pris, si hideux que fût l'animal, d'une sorte de regret subit, en nous demandant si nous ne venions pas, par cet acte irréfléchi, de nous mettre en opposition avec les véritables intérêts de l'humanité.

Il faudra donc apprendre à distinguer, parmi les diverses espèces d'animaux, ceux qui sont nuisibles, d'avec ceux, au contraire, qui sont utiles.

Lorsque l'on aura compris le rôle important des oiseaux, l'on se fera soi-même le vigilant gardien des nichées, au lieu de se jouer de l'ordre du garde champêtre chargé de les protéger.

Mais revenons à notre sujet principal.

Nous voici arrivé au moment de récolter le grain qui touche à sa maturité, et qui vous a jusque-là paru plein, nourri, rond, avec une pellicule fine et lisse. D'où vient que du jour au lendemain il pourra devenir rétréci, déformé, ridé? Voici la cause de ce changement, qui est pour vous une si désagréable déception :

Une rosée abondante ou un brouillard épais avait pénétré les épis, mouillé le grain, distendu les cellules qui composent l'enveloppe de la pellicule du grain A cette rosée ou à ce brouillard a succédé tout à coup un soleil radieux, qui a surpris le grain ainsi tout imprégné d'humidité. Celle-ci a promptement disparu : mais la pellicule dont le tissu avait été relâché n'a pas subi un mouvement rétractile à mesure de la dessication. Elle fera donc poche sur les vésicules d'amidon qui, étant insolubles à l'eau froide, n'ont pas subi le même gonflement que l'enveloppe extérieure du blé. Voilà pourquoi vous ne voyez plus qu'un grain ridé au lieu d'un grain plein et rond.

On cite l'exemple d'un agriculteur qui avait étudié ce phénomène et en avait reconnu la cause, et qui, aidé d'un de ses garçons de ferme, promenait une corde que, à eux deux, ils tendaient fortement, de façon à secouer les épis chargés de rosée, et cela avant le lever du soleil. Son grain restait rond, non ridé, tandis que celui de son voisin accusait la déformation que nous avons dite.

CHAPITRE IX

MOISSON

Le temps de la moisson, comme celui de la vendange, est l'époque des réjouissances champêtres.

Le laboureur, au terme de ses travaux, éprouve une satisfaction intérieure qui rend encore son pied plus dispos et son chant plus joyeux. A la vue des beaux épis dorés que le zéphir mouvemente comme les petites vagues d'un lac, les rêves d'or de la fortune emplissent son cerveau, et il se lève allègrement avant le soleil et se couche après lui, pour accomplir les œuvres de dernière main du cycle agricole qu'il a parcouru.

Le chant clair et matinal du moissonneur éveille les échos et répond aux notes harmonieuses et si bien timbrées de l'alouette perdue dans le ciel.

Les plus grands peintres se sont plu à rendre sur la toile les scènes pittoresques de ce moment de la vie rurale, et les grands maîtres de l'art musical ont bien souvent traduit en mélodies rhythmées ses poésies simples et gaéliques, écloses sans effort entre deux sillons.

Il existe divers modes de moissonner : pour les petites cultures, ce travail se fait à la faucille, à la sape ou à la faux, et dans les grandes exploitations, on emploie la *moissonneuse* mécanique.

L'emploi de la faucille, quoique étant le moyen le moins expéditif de tous, a cependant sa raison d'être dans certains cas et dans certains pays. Dans bien des localités, où les fourrages manquent encore, on est obligé de nourrir les bestiaux une partie de l'hiver avec de la paille mélangée de foin et même quelquefois pure.

Dans les champs de froment ensemencés de trèfle et ray-grass, il y a avantage à couper le grain avec la faucille et cela pour deux raisons : c'est d'abord que, si la paille était coupée par le pied, la partie inférieure de la gerbe se trouverait tellement mêlée d'herbes qu'elle passerait difficilement à la machine à battre ; c'est, en second lieu, qu'en sciant le grain à un pied du sol, le chaume qui reste et que l'on fauchera plus tard, quand trèfle et ray-grass auront grandi, feront une excellente *fauée* dont les bestiaux se trouvent très bien et qu'ils aiment beaucoup.

La sape, que les ouvriers belges manient très bien, ainsi qu'on peut le voir dans les contrées de la France où ils viennent faire la moisson, est un instrument qui a beaucoup d'analogie avec la faux. Ce n'est à proprement parler qu'une faux plus forte et plus courte de manche.

Le moissonneur sapeur est en outre muni d'un crochet qu'il tient dans la main gauche et avec lequel il écarte la quantité de paille qu'il va raser par le pied. Il ramène ensuite à lui cette paille, à l'aide du crochet et du genou, et fait tout seul les javelles qu'il dresse ensuite debout. Comme on le voit, il n'a besoin d'aucun auxiliaire, ce qui est une véritable économie. Bien plus, le grain versé ne présente aucun obstacle à la sape et ne ralentit pas le travail.

La faux à moissonner est une faux ordinaire, mais munie d'un javelier, sorte de treillage qui s'emmanche à la hampe près le talon de la faux et à cinquante centimètres au-dessus : ce javelier a pour but de coucher les javelles dans le même sens, et de faciliter ainsi la besogne des personnes qui suivent et qui lient les gerbes. On le voit, il faut un personnel plus nombreux, mais aussi le travail marche plus vite que suivant les deux autres méthodes. Toutefois, si les épis sont versés en sens divers, *butail-lés*, comme on dit, la faux ne fait qu'une mauvaise besogne.

Dans les grandes exploitations rurales. l'économie de bras et de temps étant surtout la grande affaire, on emploie un appareil mécanique que l'on a nommé moissonneuse. et dont on verra divers modèles aux Expositions.

Une fois la paille coupée par un des moyens que nous venons d'indiquer, les javelles ou les gerbes liées, il s'agit de mettre le tout le plus possible à l'abri des pluies. Les uns placent ces gerbes sur deux rangs et les serrent les unes contre les autres. puis ils les recouvrent de quelques brassées d'épis étendues en forme de toit. Ceci a l'avantage d'être vite fait ; mais vienne un coup de vent. et la légère toiture est renversée.

Dans certaines contrées de la Normandie. on fait des moyettes que l'on construit dans le champ de la façon suivante : on prend soin de lier les gerbes très près des épis. de façon à ce que le sommet de ces gerbes soit peu volumineux. et que leur base, au contraire, soit suffisamment large pour donner de la solidité à la moyette. Quatre ou cinq gerbes juxtaposées et présentant en quelque sorte l'ébauche d'une tour, sont coiffées d'autres gerbes semblables, dont on ouvre la partie inférieure pour former capuchon ; celles-ci sont toutes réunies au sommet et serrées le plus possible. Reste à faire l'encapuchonnement supérieur de cette petite tourelle. Voici comment la chose se fait : on forme une gerbe d'un volume double de celui des autres, on la lie fortement avec un bon lien de chanvre, non plus auprès du sommet où sont les épis, mais au contraire tout près de la partie inférieure. On ouvre circulairement les épis, et la gerbe prend ainsi la forme d'un cône tronqué, puis on l'enlève de terre au moyen d'un broc, et l'on coiffe la moyette de ce chapeau rond avec les épis en bas. On comprend que grâce à cette disposition tous les épis sont à couvert sauf ceux de la dernière gerbe ; mais comme ils sont placés tête en bas, la pluie qui ruisselle le long de la paille n'atteint pas le grain.

Mais le mieux qu'il y ait à faire, c'est de rentrer au plus tôt les javelles ou gerbes dans la grange, le hangar ou le loget, si l'on a l'un de ces locaux à sa disposition. Ceux qui n'ont pas de lieu à l'abri feront bien de les amener dans l'aire à battre le grain et de les y entasser en meules ou barges. Nous avons vu et nous voyons encore chaque année élever ces barges de la façon la plus inintelligente. Les gerbes y sont jetées pêle-mêle, de telle sorte qu'elles présentent un plan incliné qui favorise le ruissellement de la pluie de dehors en dedans, le long de chaque brin de paille, de façon qu'elle arrive ainsi à l'épi placé à l'intérieur, comme cela doit être. De là une foule de grains germés au moment de battre.

Cependant, avec un peu de soin, rien n'est plus facile que d'éviter cet inconvénient. On commence par mettre bout à bout, suivant la ligne médiane du tas que l'on veut faire, une rangée de gerbes qui repose sur un fond de paille ou de fagots. De chaque côté de cette ligne ainsi établie, on dispose les gerbes côte à côte avec les épis portant sur la rangée du milieu, et présentant toujours un plan incliné de dedans en dehors. Aussi souvent que l'on s'aperçoit que l'entassement se rapproche trop de l'horizontalité, ce qui arrive par le fait de la conformation même des gerbes, lesquelles sont plus volumineuses par le pied que par la tête, on établit une nouvelle rangée dans le milieu, dans le sens longitudinal, et ainsi de suite jusqu'au faîte, que l'on termine toujours par deux simples rangées de gerbes se joignant et se croisant même par leur sommet, de sorte qu'il n'y a plus qu'à jeter sur elles un peu de paille ou de fougères, ou une toile fortement tendue, si l'on en a une à sa disposition.

A quel moment convient-il de couper le grain? Est-ce avant ou après complète maturité?

Si l'on doit rentrer les gerbes en grange pour n'être battues que l'hiver, ainsi qu'on le fait dans beaucoup de contrées, on pourra faucher un peu sur le vert, et le grain achèvera de mûrir dans la paille, en prenant même plus de couleur. Si l'on doit dépiquer le grain immédiatement, autant vaut attendre un état complet de maturation. Pour celui que l'on voudrait resemer, il importe même qu'il soit absolument mûr.

En imitant dans son mode d'action la nature abandonnée à elle-même, on peut être sûr d'avoir un excellent guide. Or, on doit remarquer que les graines qui lèvent le mieux sont celles qui sont tombées d'elles-mêmes, et non pas celles qu'un hasard aurait fait choir plus tôt. C'est que les facultés génératrices, la diastase, par exemple, cet agent chimique indispensable dans la germination, ne peuvent exister à leur haut degré de puissance que dans ce qui est adulte et complétement développé.

Nous dirons à cette occasion que, en principe, nous sommes partisan du changement de semence et même parfois d'espèce. Car toutes les variétés de grain ne puisent pas dans la terre d'une façon identique les mêmes sucs nourriciers. L'une absorbe plus de sels alcalins, par exemple, et l'autre moins.

Une nouvelle orientation, un climat différent peuvent aussi favoriser la semence.

Mais nous sommes persuadé qu'un fermier qui garderait dans la paille son grain de semence et qui le dépiquerait en le *battant sur la pipe*, c'est-à-dire sur un fût, pour mettre de côté, comme étant le meilleur, le premier égréné, nous sommes persuadé, disons-nous, qu'il aurait de la semence de premier choix, et qu'il pourrait l'essayer en toute sécurité.

Il est à désirer que tout cultivateur apporte le plus grand soin à cette question des semences.

Toutes les opérations de la moisson étant terminées, il ne reste plus qu'à battre le grain.

Si nous jetons un coup d'œil rétrospectif sur les anciennes méthodes de battage, nous sommes réduit à avouer que le progrès a été bien lent à se faire dans notre pays.

Tout d'abord on étendait dans l'aire une couche peu épaisse de javelles ou de gerbes déliées, et le battage se faisait au moyen de *gaules*, longues et fortes, un peu courbées, et dont la partie opposée à celle tenue à la main était renflée et grossie par des baguettes liées sur la tige principale. Il fallait beaucoup de monde et beaucoup de temps pour battre, et c'était, par conséquent, très coûteux.

A cette gaule rigide on en subtitua une autre, composée de deux parties articulées. C'est le fléau, instrument dont on se sert encore avec avantage pour l'avoine et le sarrasin. On peut accorder les coups frappés par la partie mobile ou *battène*, de manière à produire une cadence qui plaît aux travailleurs et régularise l'action du bras.

Voulant économiser un personnel souvent difficile à trouver, on imagina une sorte de rouleau, non pas circulaire, mais polygonal, qui, traîné par des chevaux, allait bondissant d'une arête sur l'autre, égrénant ainsi la céréale étendue par *airée*. Le travail était bien loin d'être parfait, et le grain était souvent sali par le crottin des chevaux.

Enfin, sont venues comme le dernier terme du progrès actuel, les machines à battre mécaniques. S'il faut beaucoup de monde pour les servir, elles réunissent du moins le double avantage de la célérité et d'un battage net, et en définitive, elles réalisent une véritable économie sur tout autre procédé anciennement mis en usage.

Après le battage du grain, reste à le nettoyer au moyen du tarare, avant de le monter au grenier. Là, on devra encore le passer au crible avant de le mettre en vente ou de le faire moudre. Tout le monde ne peut pas avoir un trieur mécanique ; le crible a donc encore sa raison d'être.

De temps en temps, l'hiver, et au moins tous les deux jours, l'été, on remuera les tas de blé à la pelle. On fera même bien quelquefois de le passer au tarare ; c'est le meilleur moyen de l'aérer et d'empêcher les œufs du charançon d'éclore. Il y a toutefois pour ce dernier objet un appareil insecticide dont nous parlerons plus loin.

CHAPITRE X

ASSOLEMENTS ALTERNES

—

La question capitale en agriculture, c'est l'assolement ou rotation culturale.

Commençons par établir les règles générales qui doivent dominer toute la matière : elles sont au nombre de cinq principales :

1° Ne jamais faire sur un même terrain deux récoltes semblables, l'une après l'autre ;

2° A une récolte s'assimilant certains principes faire succéder une récolte puisant des sucs différents ;

3° Remplacer les récoltes épuisantes et

salissantes par celles améliorantes et nettoyantes ;

4° Abandonner aux fourrages ou racines la moitié au moins des terres de la ferme ;

5° Ne ramener les mêmes récoltes aux mêmes places qu'après un intervalle reconnu nécessaire.

Tout cultivateur doit tendre à réaliser ce programme.

Il règne dans les contrées de l'Ouest un assolement ou plutôt un mode de faire désordonné et capricieux, qui est une menace permanente pour l'avenir, une véritable spoliation exercée sur les richesses du sol au préjudice des générations futures, qui en supporteront les désastreuses conséquences.

Il y a certainement d'heureuses exceptions ; mais, en général, les terres sont surmenées de la façon la plus impitoyable. Voici, par exemple, quelle est à peu près la pratique générale :

1re Année : lin sur terre écobuée, ou sarrasin avec cendre lessivée et noir animal.

2me Année : froment avec fumure et compost de chaux (la fumure directe de cette récolte est une des causes de la présence des mauvaises plantes dont les graines sont contenues dans les engrais).

3ᵐᵉ Année : avoine ou orge, sans fumure, ensemencé de trèfle ou de ray-grass.

Après un an, on recommencera la même rotation : la part faite aux plantes fourragères et aux racines sarclées est généralement minime.

Ainsi, en trois ans, trois céréales épuisantes d'hiver ou de printemps se succédant sur le même terrain. Lin ou trèfle ramené trop souvent à la même place.

De plus, labours peu profonds, ce qui amène l'effritement du sol ; épuisement par l'abus de la chaux des principes minéraux de cette couche arable que l'on tourne et retourne sans fin, et qui n'a guère plus de douze centimètres de profondeur : infraction à la loi de restitution au sol, les fumiers étant non-seulement insuffisants, mais encore mal préparés.

La conséquence de tout ceci, c'est qu'il y

a abaissement de la valeur nutritive des plantes fourragères qui leur succèdent, et qui ne contiennent plus dans de suffisantes proportions les éléments organiques du corps des animaux, d'où une débilitation de leur constitution et une cause probable de maladie.

L'outillage est en rapport avec ce mode de labours superficiels.

Nous parlions tout à l'heure de la mauvaise préparation des fumiers par suite de l'incurie et de l'indolence des fermiers. Ces vices datent de loin, paraît-il, car Caton l'Ancien, qui vivait 200 ans avant Jésus-Christ, adressait le même reproche aux cultivateurs de son temps ; après lui, Varron, et plus tard, Columelle, donnent d'excellents conseils sur l'aménagement et le traitement des fumiers d'étable.

Les Romains en savaient donc autant que nous sur l'art de faire de bon fumier ; mais, comme nous aussi, ils avaient à lutter contre l'inertie, le mauvais vouloir ou l'indifférence.

La paille des céréales, par sa composition putrescible et sa structure tubulaire propre à absorber facilement les urines, est la matière qui convient le mieux pour litière aux animaux et pour base d'engrais. Ceci, reconnu de tout temps, a donné naissance à ce proverbe :

Vendre sa paille, c'est vendre son fumier, et qui vend son fumier vide son grenier.

Le fumier doit être mis en tas et à couvert, afin qu'il ne soit pas exposé à être desséché par le soleil et dilué par les pluies, double cause de la déperdition de l'ammoniaque.

Il ne doit être mené aux champs et mêlé à la chaux que peu avant les labours d'automne.

Il doit être enfoui assez de temps à l'avance pour qu'il réagisse sur le sol et s'y associe intimement.

En fait de traitement des fumiers et en matière d'assolements, il est bien temps que tous les propriétaires intelligents pèsent de leurs conseils et de leur influence sur l'esprit des fermiers, pour leur faire abandonner des méthodes de tout temps condamnées et qui conduisent à une ruine commune.

En ne s'écartant pas trop sensiblement des principes posés, on pourra certainement choisir l'assolement qui conviendra le mieux suivant le pays que l'on habite. Mais voici quel devrait être, selon nous, le roulement normal de la culture :

1re année : racines et plantes fourragères fortement fumées (pour certains pays, lin, sarrasin fumé avec du noir animal).

2e année : froment (semé en ligne si le complet nettoyage du sol le permet) sans fumure, si ce n'est dans la partie affectée au lin ou au sarrasin.

3e année : racines et fourrages verts avec forte fumure.

4e année : céréales d'hiver et de printemps avec un bon compost de chaux, si le sol n'est pas calcaire.

5e année : trèfle, ray-grass, sainfoin, racines, etc.

On aura soin, en outre, que le trèfle ne revienne sur le même terrain que tous les 6 ans, et le lin tous les 8 ans.

Si les cultivateurs veulent bien se pénétrer de l'importance capitale de ce que nous avons appelé la loi de restitution, le grain de blé, objet de cette étude, ne courra plus autant de risques désastreux.

CHAPITRE XI

DRAINAGE

—

Nous avons toujours raisonné, au cours
de cette monographie, dans l'hypothèse
d'un sol propre au labourage. Mais il n'en
est pas toujours ainsi, et cependant l'agriculture, qui va parfois jusqu'à faire des
conquêtes sur la mer, ne doit nulle part
laisser circonscrire et restreindre son do-
maine.

Le génie de l'homme doit surtout s'attacher à créer sur cette planète, au lieu de
ruineuses et puériles somptuosités, mer-

veilles d'art, si l'on veut, mais nulles comme utilité, des travaux qui bénéficient à l'humanité tout entière. Que sont les pyramides, orgueilleux mausolées, à côté du canal maritime de Suez qui relie deux mondes, ou du tunnel subalpin qui met la France à une heure de l'Italie !

Ce globe que le Créateur a mis sous nos pieds, transformons-le, ou plutôt essayons de le modifier dans le sens de ses desseins, c'est-à-dire d'une production progressive et générale, et non en prenant le caprice pour loi naturelle.

Les gouvernements comme les particuliers doivent appliquer surtout à l'agriculture ces principes que nous appellerons d'ordre supérieur.

Il pensait comme nous, le ministre de 1855 qui écrivait les instructions suivantes pour l'assainissement par le drainage de terrains imperméables ou marécageux :

« Les terrains qui ont le plus besoin de
« drainage, dit-il, présentent plus ou moins
« complétement les caractères suivants :

« ils sont couverts de flaques d'eau plu-
« sieurs jours après la pluie; les trous
« qu'on y creuse après une longue séche-
« resse présentent des suintements d'eau;
« au printemps, surtout, on y remarque des
« parties d'une teinte plus foncée que le
« reste de la pièce; le matin on y observe
« souvent des vapeurs abondantes. La vé-
« gétation y est languissante, peu hâtive;
« les feuilles jaunissent en partant du pied,
« longtemps avant la maturité; après quel-
« ques mois de jachère, la surface du sol
« se recouvre plus ou moins complétement
« d'une espèce de petite mousse; enfin les
« joncs, les carex, les prêles, les renon-
« cules, la laiche, les colchiques d'au-
« tomne, etc., s'y rencontrent abondam-
« ment. »

L'égouttement des eaux par des canaux
souterrains n'est pas une invention qui date
seulement de nos jours. Des auteurs romains
parlent de travaux analogues à notre drainage moderne; mais l'application sur une
vaste échelle de ce mode d'assainissement

ne remonte guère au-delà de 1850. Jusques-là, c'était l'Angleterre, l'Ecosse surtout, qui recueillait la première les heureux résultats de ces travaux. Dès 1764, nous voyons l'Ecossais Joseph Elkington étudier et poser les règles du drainage. Vers 1822, James Smith, autre Ecossais, apporta des perfectionnements qui popularisèrent encore davantage ce genre de travaux.

Le bruit des succès agricoles de nos voisins passa enfin le détroit et vint secouer la torpeur de nos compatriotes. Mais, il faut bien l'avouer, sous nos anciens gouvernements, la France avait peu de goût pour l'agriculture. L'idéal des parents aisés, bourgeois ou commerçants, était de faire entrer leurs enfants dans le fonction-, narisme gouvernemental. L'Etat, ne pouvant suffire au placement de tant de solliciteurs, songea à ouvrir une autre voie aux nouvelles générations: il institua donc des fermes-écoles et chercha à tourner les esprits du côté des sciences pratiques.

Nous trouvons précisément dans les lois

du 10 juin et du 30 août 1854 sur le drainage la preuve de ces préoccupations et de ces sollicitudes du gouvernement. Tant d'efforts et d'encouragements venus de haut portèrent leur fruit : c'est ainsi que dès 1856 on constatait que 35,000 hectares avaient été assainis par le drainage. Disons même qu'il y eut, pendant une certaine période, un engouement irréfléchi, qui poussa certains propriétaires à faire drainer des prairies qui se fussent bien mieux trouvées d'un bon système d'égouttement et d'irrigation à ciel ouvert. Nous avons vu, en effet, transformer pour ainsi dire des prés en terres labourables.

Toutefois, les avantages du drainage sont incontestables dans les fonds où l'eau demeure stagnante et sans issue, cē qui ne peut manquer d'amener la pourriture des racines des céréales.

Comme on l'a dit, le drainage c'est le trou au fond du pot de fleurs.

Les eaux du ciel chargées de ces myriades de corpuscules, de miasmes qui flottent dans l'air et qui sont entraînés par elles, traversent, sans y séjourner, la région où végètent les racines, et y apportent un supplément d'engrais. La preuve de la présence dans l'air, non-seulement de gaz, mais de molécules solides, se trouve dans ce fait que l'on sera assez souvent à même de vérifier : Après la neige fondue, le terrain semble noirci par endroits, par des débris organiques descendus de l'atmosphère avec les flocons de neige.

Les terres drainées sont moins froides qu'auparavant, parce que l'évaporation des eaux qu'elles contenaient, et qui est une cause de refroidissement, n'aura plus lieu de la même façon, et que l'évacuation de l'excès d'humidité se fera désormais en dessous et non en dessus.

L'aération souterraine donnant à la terre une perméabilité et une porosité plus grandes, les influences solaires et les réactions chimiques des agents de fertilisation accompliront leurs phénomènes de la façon la plus régulière et la plus favorable.

Plusieurs personnes donnent la préférence au drainage par empierrement sur celui fait au moyen de tuyaux en terre cuite. Nous ne pouvons pour deux raisons partager leur avis : c'est que l'écoulement se fait moins bien, et que cela coûte plus cher. Pour avoir un égouttement parfait avec le premier système, il faudrait faire de véritables canaux avec pieds droits et pierres de recouvrement, ce qui augmente la dépense dans une proportion trop grande.

Le drainage avec tuyaux est excellent dans les cas ordinaires. Si les eaux sont sédimenteuses, un canal en pierre s'obstruera tout aussi bien qu'un tuyau ; ce ne sera tout au plus qu'une question de temps.

Tout d'abord le drainage se faisait au moyen de tuiles creuses en terre cuite qué l'on renversait sur une semelle aussi en terre cuite. Mais aujourd'hui on fait des tuyaux ronds, ce qui dispense de mettre une semelle, et l'on possède de puissantes machines pour malaxer la pâte et la mouler. Le drain sort tout fait, prêt à mettre au four.

Les drains ne doivent pas avoir plus de 30 à 40 centimètres de longueur, et leur diamètre varie, suivant les cas, depuis 3 jusqu'à 20 centimètres. Ils se juxtaposent bout à bout et, à leur point de jonction, l'interstice circulaire qu'ils laissent forcément entre eux donne entrée aux eaux qu'il s'agit d'écouler.

Les tranchées ne doivent pas avoir moins de 1^m de profondeur, et peuvent très utilement se creuser jusqu'à 1^m,50, dans bien des cas. Plus la fouille est profonde, et plus large est la zone de terrain assainie, et moins les drains sont exposés à être envahis par les racines des plantes.

On considère l'écartement des lignes de drains comme étant très convenable à 10 ou 11 mètres.

La pente doit être de 1 à 2 centimètres par mètre; trop considérable, elle serait une cause de détérioration des drains.

Les tranchées se font parallèlement, soit suivant le sens de la pente, soit transversalement, quand il y a dépression de terrain, et alors un collecteur, qui passe au fond des parties basses, réunit tous les autres drains qui viennent s'y embrancher à angle aigu. Ce collecteur pourra à son tour se déverser dans un autre plus large, et ainsi de suite.

On peut en moyenne estimer le prix du drainage d'un hectare de terre à 200 ou 300 francs, en employant les tuyaux, et à 600 ou 700 francs, avec de la pierre.

CHAPITRE XII

MATÉRIEL AGRICOLE

—

Triptolème, roi d'Eleusis, dans l'Attique, devint tellement célèbre par ses connaissances en agriculture, qu'on lui a attribué l'invention de la charrue; mais ceci n'est qu'une flatterie de la postérité; car il est bien certain que les civilisations antérieures de l'Egypte, de l'Inde et de la Chine possédaient un matériel agricole qui, surtout chez les Chinois, était suffisamment perfectionné.

Mais chez les peuples anciens, qui regardaient comme légitime et d'institution divine la servitude corporelle, le cultivateur était un esclave. Il fut d'abord le forçat de la glèbe : plus tard, après la venue et le triomphe du Christianisme, et par suite d'un affranchissement relatif, il en devint le serf, enserré encore dans les liens du Moyen-Age ; aujourd'hui, que les véritables principes humanitaires ont pénétré dans les lois et dans les mœurs, il en est pour ainsi dire le souverain viager, comme cela a lieu pour les tenanciers en Angleterre, ou le maître définitif par l'acquisition foncière, ainsi qu'on le voit fréquemment chez nous.

L'évolution des âges se fait donc inéluctablement en faveur des populations rurales. Il est donc beaucoup plus vrai aujourd'hui qu'autrefois ce vers de Virgile :

O fortunatos nimium, sua si bona norint,
Agricolas !....

Il faudra bientôt reléguer dans les idylles pastorales des poètes les *sillons arrosés de sueurs,* car, grâce à la mécanique agricole moderne, la culture des terres devient de jour en jour une des professions les moins fatigantes en même temps qu'elle est l'une des plus saines et des plus honorables.

Par suite de l'émancipation des races et des conquêtes du travail, celui qui fut le serf de la terre en est devenu le roi.

La seule chaîne qui soit encore rivée à sa personne et y imprime un stigmate, c'est l'ignorance. Souverain du sol, il demeure l'esclave de la superstition : mais cette dernière chaîne tombera à son tour, et la production haussera son niveau au fur et à mesure de la progression intellectuelle.

Nous allons passer rapidement en revue l'outillage usuel d'une exploitation rurale bien conduite.

CHARRUE

Pour bien labourer, il faut une bonne charrue ; or, voyons comment M. de Gasparin définit un bon laboureur.

« Un bon laboureur, dit-il, suppose que

« la terre a été soulevée en prismes plus ou
« moins larges, mais qui ont *subi plus d'un*
« *quart de conversion*, de manière que la
« surface supérieure en soit *totalement ca-*
« *chée*, et que les herbes qui la recouvraient
« cessent de paraître, ainsi que l'engrais
« que l'on aurait répandu sur le sol; de
« manière aussi que les tranchées aient su-
« bi un mouvement de torsion qui diminue
« l'agrégation des molécules entre elles,
« qu'elles s'appuient les unes sur les autres,
« tout en laissant un vide au-dessous de
« leur point de jonction, de sorte que l'air
« puisse pénétrer dans le labour; que
« chaque sillon reste bien net après le pas-
« sage de la charrue, et ne soit pas encom-
« bré par la terre qui aurait surmonté le
« versoir; que dans sa marche, la charrue
« ne s'engorge pas de terre, d'herbages qui
« retarderaient le mouvement, en obli-
« geant le laboureur à s'arrêter pour la dé-
« gorger; enfin, que celui-ci ne soit pas
« obligé de faire des efforts trop constants
« ou trop fréquents pour maintenir la char-

« rue en équilibre et dans sa raie. Toutes
« les infractions à ces règles seraient comp-
« tées comme autant de défauts qui, à éga-
« lité de tirage ou pour des tirages peu
« différents, donneraient l'avantage à la
« machine qui ne les présenterait pas. »

Nous voudrions que le ministre de l'agriculture fit imprimer en gros caractères l'enseignement fondamental compris dans la
définition qui précède, pour être ensuite
envoyé gratuitement à tout agriculteur qui
l'afficherait à l'intérieur de sa ferme comme
étant le meilleur *memento* de sa profession.

Il y a deux sortes de charrues : l'une sans
avant-train, l'araire, et l'autre avec avant-
train.

Quelle que soit la charrue que l'on emploie, elle devra satisfaire à toutes les conditions exigées ci-dessus, ou bien elle sera
défectueuse et il faudra la changer.

Les pièces principales qui constituent une
charrue sont au nombre de sept, et il sera
bon de se familiariser avec le nom de ces
différentes pièces.

1° La haie, âge ou flèche (ces trois noms sont usités) se terminant par deux mancherons ;

2° Le coutre (*culter*, couteau), lequel est fixé à l'âge ;

3° L'étançon ;

4° L'avant-corps ;

5° Le sep ;

6° Le soc ;

7° Et le versoir, oreille ou épaule.

Ces cinq dernières pièces composent le corps de la charrue proprement dite.

Nous ne pouvons entrer ici dans l'examen des diverses charrues, mais nous recommanderons comme étant les meilleures et exigeant le moins de force de traction, les charrues Parquin, Armelin et Bodin.

Elles sont tout en fer ou fonte et à soc plat ; elles sont coulantes et prennent de l'entrure autant qu'on veut.

HERSE

Les herses parallélogrammiques sont généralement employées en Angleterre, tandis qu'elles ne le sont qu'exceptionnellement en France. Pourquoi cette obstination de la routine française, alors qu'il est reconnu que ces herses sont supérieures aux autres?

Avec la herse Valcourt, qui marche obliquement, les vingt dents réparties par cinq sur chaque montant du bâti, creusent toutes leurs lignes à égale distance, et jamais deux d'entre elles ne passent dans la même trace, ce qui a souvent lieu dans les herses à traction directe.

Elles ne s'engorgent jamais, précisément par cette raison que l'obstacle, la traînasse, par exemple, est abordé de côté, la ligne de la dent et la ligne du tirage étant obliques l'une à l'autre.

SCARIFICATEUR ET EXTIRPATEUR

Le premier, qui fend la terre seulement, l'écroûte, la scarifie en un mot, est composé de dents en forme de couteaux.

L'un de ceux que l'on recommande le

plus est celui de M. Dhuicque, construit par Hérissard, maréchal à Louvres.

L'extirpateur diffère du scarificateur en ce qu'il est armé de petits socs plats destinés à couper et à rompre les racines, sans retourner la terre, comme le fait la charrue.

Il en existe un très grand nombre de bien perfectionnés.

ROULEAU A SEGMENTS

Les meilleurs rouleaux sont ceux qui sont *articulés* ou plutôt *sectionnés*.

Ils se composent de segments de bois, de fonte ou de fer, longs de cinquante centimètres chacun et au nombre de cinq généralement.

Ils sont intérieurement munis de boîtes en fonte de 15 centimètres d'ouverture. L'axe ou essieu joue à l'aise dans ces boîtes, de sorte que, suivant les élévations ou les dépressions du terrain, chaque segment hausse ou baisse, et foule uniformément le sol.

Il y a bien d'autres sortes de rouleaux, comme on peut voir à toute nouvelle Exposition : mais celui que nous indiquons suffira aux petites exploitations.

SEMOIR

Les semoirs foisonnent ; il en existe en Angleterre, pour la grande culture, de très ingénieux et très compliqués : mais ils ont un défaut capital pour nos exploitations rurales, beaucoup plus restreintes que celles de nos voisins : c'est qu'ils coûtent trop cher.

Il faut donc bien se rabattre sur des semoirs de prix modiques : mais quel que soit celui auquel on donnera la préférence, on devra exiger qu'il réunisse les conditions suivantes :

1° Fonctionnement avec toute espèce de grains ou graines ;

2° Certitude qu'il ne s'engorge pas et ne laisse pas de lacunes ;

3° Distribution par unités ou par groupes, à volonté ;

4° Espacement des lignes aussi à volonté ;
5° Profondeur uniforme dans le sol.

BUTTOIR ET HOUE A CHEVAL

Le buttoir et la houe à cheval sont deux instruments secondaires fort utiles.

Le premier, comme son nom le dit, sert à rehausser de terre, à butter les plantes ou racines fourragères semées en lignes, telles que choux, pommes de terre, etc.: il se compose d'un soc en fer de lance et de deux oreilles mobiles s'écartant ou se rapprochant.

La houe à cheval a pour objet de biner entre les lignes, et de les nettoyer des mauvaises herbes.

Ces deux instruments sont simples et faciles à faire construire au gré de chacun.

MACHINE A BATTRE

Nous ne parlons point ici des divers genres de moissonneuses, car toutes sont trop compliquées pour que nous puissions, sans le secours du dessin, en donner une idée ; et puis leur usage est loin d'être généralisé.

Quant à la machine à battre, elle est connue de tout le monde, et elle est d'une utilité pratique qui l'a rendue indispensable pour ceux qui n'engrangent pas leurs récoltes afin de ne battre que l'hiver ou même plus tard, au fur et à mesure des besoins.

Il existe plusieurs sortes de machines à battre et diverses espèces de manéges pour la mise en mouvement.

Mais le mécanisme pouvant marcher avec une minime force de traction n'est pas encore trouvé, malgré les recherches et les efforts des inventeurs.

TARARE ET TRIEUR

Il y a des tarares simples et des tarares trieurs.

Les tarares ordinaires ont uniquement pour but de débarrasser le grain de la poussière, des pailles, glumes et autres matières qui y sont mêlées après le battage. On obtient ce résultat au moyen d'un ventilateur et de grilles appropriées à chaque genre de grains.

Les trieurs font, en outre de cette opération, un triage des grains purs, des grains à reprendre une seconde fois, et de ceux qui sont maigres et ridés.

À défaut de trieur, on a le crible, ancien mais utile instrument, qui, par le frottement, donne de la qualité au grain, en même temps qu'il le débarrasse des corps étrangers, qui viennent à la surface, s'ils sont légers, ou passent par les trous de la toile, s'ils sont petits et pesants.

HACHE-PAILLE OU COUPE-AJONCS

Les hache-paille français sont, il faut l'avouer, généralement inférieurs à ceux de l'étranger. La plupart de nos constructeurs n'ont pas tenu assez compte de ce principe de mécanique, à savoir, que la force d'impulsion rotative augmente en allant du centre à la circonférence. On peut se convaincre de ce fait en plaçant un couteau ou tranchant quelconque tout près de l'axe, et en le mettant ensuite près de la circonférence, à l'extrémité du bras du volant. Dans le premier cas, la section se fera avec fatigue pour l'homme servant de moteur, et dans le second, la rotation sera à peine ralentie.

Les couteaux du hache-paille ou coupe-ajoncs ne doivent donc pas commencer la section de la poignée ou masse quelconque soumise à leur action par le point qui avoisine l'axe, mais bien, au contraire, par celui qui est le plus près de la circonférence. Ceci peut s'obtenir facilement en donnant une courbure convenable aux bras du volant qui doivent porter les couteaux, recourbés eux-mêmes en forme de faux.

M. Chapellier, mécanicien à Ernée (Mayenne), construit très bien ce genre de hache-paille.

Avec cette disposition, il suffira d'un homme au lieu de deux, ce qui a bien son importance au point de vue de l'économie.

APPAREIL INSECTICIDE OU TUE-TEIGNES

Nous finirons cette nomenclature des instruments agricoles les plus utiles par le tarare insecticide.

Les parasites qui vivent dans le grain à l'état de ver ou larve y causent de tels ravages quelquefois, que le prix en est réduit à la moitié ou au tiers de sa valeur première.

L'alucite, qui est un ver mou, peut être tuée par certaines machines à battre animées d'une grande vitesse, mais le charançon résiste au choc de ces machines; il a donc fallu chercher un mécanisme qui pût réaliser le problème proposé : la destruction de tous les parasites logés dans le grain.

M. Doyère, professeur à l'ancien Institut agronomique de Versailles, a trouvé la solution, par l'invention d'un mécanisme qui ressemble beaucoup à un tarare, et dont la vitesse n'est cependant que de 700 à 800 mètres par minute.

De longues expériences faites dans les manutentions de l'Etat ont prouvé l'efficacité du moyen trouvé. Pas un grain ayant subi l'opération n'a été alucité ou charançonné. Il est donc aujourd'hui parfaitement acquis que l'on peut se débarrasser des insectes du grain, ce qui est vraiment une invention d'une importance capitale.

Le prix de l'instrument, petit modèle, est de 300 fr., et en 8 heures trois hommes peuvent faire passer au tarare insecticide 100 hectolitres de blé.

Nous croyons qu'un industriel qui louerait cette machine, très légère et très portative, pourrait en retirer un beau bénéfice, tout en prenant un prix modique aux particuliers.

CONCLUSION

—

La tâche que nous nous étions proposée dans cette étude est terminée. Mais supposons le grain moulu, puis transformé en pain; une nouvelle série de phénomènes d'un autre ordre va s'offrir aux investigations de l'esprit, et l'on fera bien de lire l'instructive et attrayante *Histoire d'une bouchée de pain*, par Jean Macé. C'est une des plus intéressantes études que l'on puisse faire, et les pages de cette monographie n'en sont en quelque sorte que les prolégomènes.

Ces mille travaux agricoles que nécessite un grain de blé sont une constatation de plus de la loi du travail imposée aux races humaines civilisées.

Le suprême ordonnateur de toutes choses a bien voulu fournir aux êtres inférieurs de la création les aliments d'une production spontanée. Il a fait pousser, sur certains points du globe, des forêts vierges où abonde une faune variée: il a étendu des pampas et des savanes, véritables océans d'herbe, sous les pas de troupeaux innombrables: il a mis la banane à la portée de la main de l'Indien inculte et primitif; mais nulle part on ne rencontre de plaines de blé à l'état sauvage. Bien plus, une agriculture avancée est le signe certain d'une haute civilisation; c'est un fait digne de remarque. Aussi, dès les temps historiques les plus lointains, nous trouvons en Chine de bonnes méthodes de culture, des instruments perfectionnés, et entre autres, le semoir.

Mais si la sueur de l'homme a dû tout

d'abord féconder le sillon, la science, à son tour, qui est aussi la fille du travail, le produit de l'intelligence, tend de plus en plus à l'affranchir de cette servitude corporelle à la glèbe. Le monde fait sa seconde évolution par la science : la matière est domptée ; d'admirables appareils, mus par des agents universels d'une force naguère inconnue, relayent le travailleur, qui n'aura plus bientôt qu'un soin de direction.

Malgré cela, on constate avec inquiétude la migration qui se fait des campagnes vers les villes dont l'attrait n'est qu'un mirage trompeur, mais séduisant de loin. On quitte la vie libre et saine pour se confiner dans une usine souvent insalubre où le corps se débilite.

Toutefois, disons-le aussi, par un juste retour, depuis quelques années, il s'établit un courant inverse qui, s'il se continue, opérera de grandes transformations. Ce mouvement est dû en partie au développement et à la vulgarisation des sciences physiques et chimiques. Des hommes instruits pouvant aspirer aux plus hautes charges de l'Etat désertent les salons pour les champs. La vie d'étiquette réglée et de position précaire a bien moins de charme en effet que celle de la campagne. Ici les attend une occupation réellement attrayante en ce qu'elle touche aux branches des connaissances naturelles qui intéressent le plus l'esprit. Ajoutons que l'habitation aux champs est le milieu le plus convenable, non-seulement pour la culture et l'expansion des facultés viriles, mais même aussi pour l'efflorescence et l'épanouissement naturel des sentiments vrais de l'âme, exempts de recherche et d'afféterie.

On a pu remarquer que tous les peuples pasteurs ont été des calculateurs et des astronomes, en même temps qu'ils étaient enclins aux rêveries rhythmées. C'est qu'en effet, en présence des magnificences de la nature, de cette belle création qui lui envoie ses effluves, le pénètre et fait déborder son cœur d'enthousiasme, l'homme se dégage des liens grossiers du matérialisme, l'idéal le saisit : la vue de tous ces mondes lumineux, suspendus sur sa tête et pleins de rayonnements au sein des belles nuits, agrandit l'horizon de sa pensée : il devient poëte, à ses heures, et son langage figuré, empruntant les plus charmantes images aux objets qui l'entourent, contraste brillamment et savamment avec le bavardage puéril, creux et de convention des désœuvrés du monde.

L'agriculture a besoin de ces hommes instruits, et, par réciproque et compensation, ceux-ci trouveront en elle et par elle un repos, une satisfaction de l'âme et une liberté qu'ils chercheraient vainement ailleurs.

Nous serons heureux si, par ce travail, nous avons pu, même dans un cercle restreint, enlever quelque chose à l'aléatoire, et ajouter une molécule de plus à l'édifice que construit la science.

www.ingramcontent.com/pod-product-compliance
Lightning Source LLC
LaVergne TN
LVHW012243170726
843503LV00002B/417